程序员
超强大脑

The Programmer's Brain

[荷] 费莉安·赫尔曼斯（Felienne Hermans） 著

蒋楠 译

人民邮电出版社

北 京

图书在版编目（ＣＩＰ）数据

程序员超强大脑 / （荷）费莉安·赫尔曼斯
(Felienne Hermans) 著 ; 蒋楠译. -- 北京 ： 人民邮电
出版社, 2023.4
ISBN 978-7-115-61416-2

Ⅰ．①程… Ⅱ．①费… ②蒋… Ⅲ．①程序设计
Ⅳ．①TP311.1

中国国家版本馆CIP数据核字(2023)第049624号

内 容 提 要

为什么你在写代码时总会遇到这样或那样的问题？为什么你总是记错某些语法？为什么有些人能够快速学会新的编程语言，而有些人则不能？在试图解决困难或复杂的问题时，我们的大脑其实有一套特定的工作方式。本书从认知科学角度剖析优秀程序设计背后的脑科学原理，为你揭开大脑思考编程的奥秘。本书分为四大部分，共有13章。你将了解如下内容：如何高效地学习新的编程语言，如何快速地理解复杂的代码，如何牢固地记住各种语法，如何在繁杂的程序设计工作中优化认知资源。

本书是程序员普适书，初学编程的初高中生也可以阅读。

♦ 著　　　　[荷] 费莉安·赫尔曼斯（Felienne Hermans）

　　译　　　　蒋　楠

　　责任编辑　张海艳

　　责任印制　胡　南

♦ 人民邮电出版社出版发行　　北京市丰台区成寿寺路11号

　　邮编　100164　　电子邮件　315@ptpress.com.cn

　　网址　https://www.ptpress.com.cn

　　三河市中晟雅豪印务有限公司印刷

♦ 开本：800×1000　1/16

　　印张：14.5　　　　　　　　　2023年4月第1版

　　字数：305千字　　　　　　　2023年4月河北第1次印刷

　　　　著作权合同登记号　图字：01-2021-6173号

定价：89.80元

读者服务热线：(010)84084456-6009　印装质量热线：(010)81055316
反盗版热线：(010)81055315

广告经营许可证：京东市监广登字 20170147 号

版 权 声 明

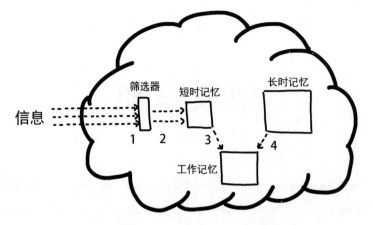

本书讨论的 3 种认知过程一览：短时记忆、长时记忆和工作记忆。箭头 1 代表进入大脑的信息，箭头 2 代表进入短时记忆的信息，箭头 3 代表从短时记忆转移到工作记忆的信息，这些信息与来自长时记忆的信息（箭头 4）相结合。工作记忆是大脑在进行思维活动时加工信息的机制。

序　言

我曾花费大量时间思考编程，阅读这本书的你可能也在思考这个问题，不过我几乎没怎么"思考自己的思维过程"（thinking about thinking）。对我来说，思维过程的概念以及我们人类如何与代码打交道很重要，但研究这些问题的学者寥寥无几。下面通过 3 个例子加以说明。

Noda Time 是一个.NET 项目，旨在为.NET 内置的日期和时间类型提供一套替代方案，而我是这个项目的主要贡献者。在我看来，Noda Time 是一个很好的平台，借此我可以集中精力设计 API，尤其是命名。我发现，有些 API 从名称上看是改变一个现有值，实际作用却是返回一个新值。注意到这类问题后，我便尝试采用一些让错误代码听起来不对劲的名称。以 `LocalDate` 类型定义的 `PlusDays` 方法（而不是 `AddDays` 方法）为例，想必大多数 C#程序员能发现下面这条语句错在哪里：

```
date.PlusDays(1);
```

以下语句看起来更合理：

```
tomorrow = today.PlusDays(1);
```

对比 `DateTime` 类型定义的 `AddDays` 方法：

```
date.AddDays(1);
```

尽管这条语句看起来只是在修改 `date`，并不是错误，但它和第一条语句一样不正确。

第二个例子也和 Noda Time 有关，不过没有那么具体。虽然许多库（有充分的理由）设法承担所有艰巨的任务而无须程序员多加思考，但我们明确希望使用 Noda Time 的程序员在编写涉及日期和时间的代码前能仔细推敲。我们努力使程序员思考自己真正希望实现的目标，不能有半点儿含糊，然后通过代码把这些目标尽量清楚地表达出来。

最后来看一个概念性的例子：Java 和 C#的变量存储的值，以及向方法传递参数时会出现哪些情况。我似乎大半辈子（我算了算时间，差不多就是这么久）都在声讨 Java 中通过引用来传递对象的概念。25 年来，我想自己一直在努力帮助其他程序员调整他们的心智模型。

事实证明，程序员的思维方式对我来说很重要，但因为缺乏对认知科学的深入了解，我只能依靠猜测和来之不易的经验。虽然我并非初次接触这方面的知识，但这本书仍然能够助我一臂之力。

在奥斯陆举行的 2017 年挪威开发者大会上，我第一次见到了费莉安·赫尔曼斯本人，当时她做了题为"编程即写作，写作即编程"（Programming Is Writing Is Programming）的演讲。我发的推文说明了一切："我需要很长时间来消化全部内容，不过演讲令人拍案叫绝。"我至少聆听过 3 次赫尔曼斯所做的这个演讲（当然，演讲内容随着时间的推移在不断变化），每次都有新的收获。最后要指出的是，可以从认知层面来解释我一直想做的某些事情——我也会遇到一些促使我不得不调整方法的意外情况。

阅读这本书时，你可能会不断发出"啊，这就说得通了！"或者"哦，我没想到！"这样的感叹。除了一些立竿见影的实用建议（例如使用抽认卡），我认为这本书会产生潜移默化的影响。也许是何时在代码里加入空行要多加斟酌；也许是调整分配给团队新成员的任务，甚至只是调整完成这些任务的时间；也许是我们在信息技术问答平台 Stack Overflow 上解释概念的方式。

无论这本书能产生哪些影响，赫尔曼斯的工作都为程序员提供了一个思想百宝箱，帮助他们了解工作记忆如何思考和加工信息，然后转移到长时记忆——思考自己的思维过程令人欲罢不能！

——Jon Skeet[①]
谷歌资深开发者关系工程师

---

① 广受赞誉的程序设计专家，人称"编程界的李小龙"。他是 Stack Overflow 技术社区最有影响力的专家。——编者注

前　言

大约十年前，我开始从事少儿编程教学工作。我很快发现自己对大脑的工作机制一无所知，尤其不了解儿童如何学习编程。虽然上大学时学过不少程序设计方面的知识，但没有哪门计算机专业课告诉我怎样思考自己对编程的思维过程。

无论是科班出身还是自学编程，你可能并不清楚大脑的认知功能，因此也不一定知道如何改善大脑以提高阅读代码和编写代码的效率。我当然也不清楚，但是在从事少儿编程教学工作期间，我意识到自己需要加深对认知的理解，于是开始深入研究如何思考和学习。过去几年，通过阅读、交流、参加探讨学习和思考的讲座与会议，我积累了一些经验，本书就是这些经验的集中体现。

当然，了解大脑工作机制本身就是充满乐趣的事情，它对程序设计同样重要。人们认为程序设计是要求最高的认知活动之一：程序员既要用抽象的方式解决问题，又要编写代码，因此必须具备大多数人天生不具备的注意力水平。缺少空格？报错。误判数组索引的起始位置？报错。曲解现有代码的确切作用？报错。

编写代码时，程序员很容易弄巧成拙。从本书的讨论中可以看到，许多错误源于认知问题。例如，缺少空格可能说明程序员没有充分掌握编程语言的语法，误判数组索引的起始位置可能反映出程序员对代码的假设有误，曲解现有代码可能是因为程序员的代码阅读水平不高。

本书的首要目标是帮助程序员理解大脑如何加工代码。专业程序员经常会接触新信息，因此了解大脑在接收信息时的思维活动有助于提高程序员的编程水平。而在介绍代码影响大脑的方式后，本书将探讨如何提高大脑的代码加工水平。

致　谢

我非常清楚，能够就自己感兴趣的主题写一本书有多么幸运。在我的生活中，许多事应运而生、恰逢其时。如果没有这些事，我的生活会有很大不同，本书肯定也不会面世。我与下文提及的优秀人士进行过或深入或简短的几十次交流，本书和我的职业生涯都深受他们的影响。以下是几位非常重要的人士。

Marlies Aldewereld 引领我走上程序设计和语言学习之路，Marileen Smit 教给我足够的心理学知识来撰写本书，Greg Wilson 使编程教育再次成为主流话题，Peter Nabbe 和 Rob Hoogerwoord 为如何成为优秀的教师树立起世界级标杆，Stefan Hanenberg 给出的建议影响了我的研究方向，Katja Mordaunt 发起成立第一家代码阅读俱乐部，Llewellyn Falco 对禅修的思考在很大程度上影响了我对学习的思考，Rico Huijbers 是帮助我克服艰难险阻的指路明灯。

当然，还要感谢 Manning 出版社的各位编辑——Marjan Bace、Mike Stephens、Tricia Louvar、Bert Bates、Mihaela Batinić、Becky Reinhart、Melissa Ice、Jennifer Houle、Paul Wells、Jerry Kuch、Rachel Head、Sébastien Portebois、Candace Gillhoolley、Chris Kaufmann、Matko Hrvatin、Ivan Martinović、Branko Latinčić 及 Andrej Hofšuster。他们认可了我提出的图书选题，并使这个模糊的想法成为一部通俗易懂的作品。

感谢所有审校人员，他们的建议使本书质量更上一层楼：Adam Kaczmarek、Adriaan Beiertz、Alex Rios、Ariel Gamiño、Ben McNamara、Bill Mitchell、Billy O'Callaghan、Bruno Sonnino、Charles Lam、Claudia Maderthazner、Clifford Thurber、Daniela Zapata Riesco、Emanuele Origgi、George Onofrei、George Thomas、Gilberto Taccari、Haim Raman、Jaume Lopez、Joseph Perenia、Kent Spillner、Kimberly Winston-Jackson、Manuel Gonzalez、Marcin Sęk、Mark Harris、Martin Knudsen、Mike Hewitson、Mike Taylor、Orlando Méndez Morales、Pedro Seromenho、Peter Morgan、Samantha Berk、Sebastian Felling、Sébastien Portebois、Simon Tschöke、Stefano Ongarello、Thomas Overby Hansen、Tim van Deurzen、Tuomo Kalliokoski、Unnikrishnan Kumar、Vasile Boris、Viktor Bek、Zachery Beyel 及 Zhijun Liu。

关于本书

本书适合各个层次的程序员阅读，他们希望深入了解大脑的工作机制，提高自己的编程技巧并改善编程习惯。书中包括采用 JavaScript、Python、Java 等各种编程语言编写的代码示例，但你并不需要精通任何一门语言。即使没有接触过某些编程语言，能轻松读懂书中的源代码也可以。

要想从阅读本书中获得最大收获，应该具备在开发团队中工作的经验或开发大型软件系统的经验，并熟悉如何培训团队新人。书中经常会涉及这类场景，阅读时结合自身经验可以加深理解。实际上，如果能做到融会贯通，把新的信息与现有的知识和经验联系起来，则有助于提高学习能力。书中会讨论这个问题。

虽然本书涉及众多认知科学方面的内容，但它归根结底是一本专门面向程序员的书。本书将始终结合程序设计和编程语言的研究成果来讨论大脑的工作机制。

本书内容设置：路线图

本书分为四大部分，一共 13 章。由于各章之间互有联系，因此建议按章节顺序阅读。每章都包括若干应用场景和练习，以帮助读者消化概念并加深理解。某些情况下，你需要选择一个最适合自身情况的代码库来完成练习。

此外，日常实践也是学以致用的机会。建议把本书作为案头常备书，在编程实践中运用每一章所学的知识，再继续阅读其他章节。

- ❑ 第 1 章介绍程序设计中起作用的 3 种认知过程，以及每种认知过程对应的困惑类型。
- ❑ 第 2 章讨论如何快速阅读代码并了解其作用。
- ❑ 第 3 章阐述如何增强学习编程语法和概念的效果。
- ❑ 第 4 章介绍如何阅读复杂的代码。
- ❑ 第 5 章探讨帮助程序员深入理解陌生代码的方法。
- ❑ 第 6 章给出的方法有助于提高解决编程问题的能力。

- ❑ 第 7 章剖析如何在编写代码和思考时避免出错。
- ❑ 第 8 章讨论如何选择清晰易懂的标识符（尤其是如何确保标识符在整个代码库中保持一致）。
- ❑ 第 9 章着重讨论代码异味及其背后的认知原则。
- ❑ 第 10 章阐述如何提高解决复杂问题的能力。
- ❑ 第 11 章介绍各类编程活动和任务。
- ❑ 第 12 章阐述改进大型代码库的方法。
- ❑ 第 13 章探讨如何使新入职的程序员顺利度过适岗培训期。

本书包括众多源代码示例，有些以"代码清单×-×"的形式出现，有些则直接嵌入正文。无论哪种代码，本书都使用特殊的格式将其与正文区分开。代码有时也会以粗体显示，以突出与之前的代码有哪些不同（例如在现有的代码行中添加新特性时）。

书中很多源代码重新调整了格式，通过换行和添加缩进来适应排版。在个别情况下，代码清单中会出现承接上行的标记（➥）。此外，书中的代码注释主要用于解释和说明重要的内容。

本书论坛

购买了本书英文版的读者可以免费访问 Manning 出版社运营的专享论坛。你可以在论坛上发表对图书的评论、提出技术问题并得到作者或其他用户的帮助。

Manning 出版社承诺为读者提供一个平台，供读者之间以及读者和作者之间进行有意义的交流，但无法保证作者的具体参与程度，因为作者对论坛的贡献完全是自愿和无偿的。建议读者尽量向作者提出一些有挑战性的问题以激发他们的兴趣。只要图书仍在售，就可以通过出版社的网站访问论坛和先前所讨论的内容。[①]

电子书

扫描如下二维码，即可购买本书中文版电子书。

---

① 读者也可登录图灵社区本书中文版主页 ituring.cn/book/2998 提交反馈意见和勘误。——编者注

关于封面插图

本书封面人物是"加拿大原住民妇女"。插图取自 1788 年在法国出版的 *Costumes Civils Actuels de Tous Les Peuples Connus*，该书展示了法国外交官 Jacques Grasset de Saint-Sauveur（1757—1810）收集的各国服饰。所有插图均由手工精心绘制并上色。Grasset de Saint-Sauveur 的藏品种类繁多，无一不昭示出世界各地的城镇和地区在仅仅两个多世纪前的文化差异有多大。人们彼此隔绝，操着不同的方言和语言。无论在街头还是乡间，仅凭人们的衣着便不难看出他们的住处、职业或生活状况。

200 多年来，人们的着装方式不断变化，各个地区当年的特色也逐渐消失。如今，已很难根据着装分辨出不同大洲、不同国家、不同地区乃至不同城镇的居民。或许我们以放弃文化多样性为代价换来了更为丰富多彩的个人生活——当然是更加多样化和快节奏的科技生活。

在这个计算机图书趋于同质化的时代，Manning 出版社以 Jacques Grasset de Saint-Sauveur 收集的服饰插图为基础来设计图书封面，力图重现两个多世纪前各具特色的地域风情，以此来颂扬计算机行业的创造性和积极性。

目　　录

Part 1

代码阅读

阅读代码是程序设计的核心要义，但专业程序员不一定清楚如何阅读代码。他们很少有机会学习或实践这项技能，而且研究令人一头雾水的代码往往很辛苦。第一部分将分析为什么阅读代码如此之难，并讨论如何提高代码阅读水平。

剖析程序设计之惑

1

困惑在程序设计中司空见惯。在学习新的编程语言、概念或框架时，接触到的各种新想法可能会吓到程序员。当阅读陌生的代码或自己很久以前所写的代码时，程序员也许不明白代码的作用或忘记了当时这样编写代码的原因。每次接触新的业务领域时，新的术语和行话都会在程序员的脑海里相互碰撞。

当然，困惑一时没有关系，困惑太久则可能会产生负面影响。本章将帮助程序员了解各类困惑，并剖析造成困惑的原因。困惑的形式五花八门，也许会令人始料不及。不知道领域概念的含义可能困扰程序员，逐字逐句阅读复杂的算法同样会给他们带来困惑，但这两种困惑并不一样。

不同类型的困惑与不同类型的认知过程有关。本章将通过各种代码示例详细介绍 3 种困惑，并解释大脑的活动情况。

读完本章后，你将能区分代码可能造成的各种困惑，并理解大脑内部相应的认知过程。在介绍 3 种困惑以及 3 种相关的认知过程后，后续章节将讨论如何改善这些认知过程。

1.1 代码造成的各种困惑

任何陌生的代码都会在一定程度上困扰程序员，但并非所有代码都以同样的方式困扰他们。我们通过 3 个不同的代码示例加以说明。3 段代码分别采用 APL、Java 和 BASIC 编写，作用都是把给定的 N 或 n 转换为相应的二进制表示。

请花几分钟时间仔细阅读这 3 段代码，想一想需要具备哪类知识来阅读代码以及理解这些代码所需的知识有什么不同。你也许暂时不清楚如何形容阅读代码时大脑的活动情况，但我想阅读每段代码的感觉应该都不一样。在读完本章后，你就会知道该使用哪些术语来描述不同的认知过程。

如代码清单 1-1 所示，第一段代码采用 APL 编写，作用是把 n 转换为相应的二进制表示。本例的困惑之处在于程序员不一定清楚 T 的含义。也许只有 20 世纪 60 年代的数学家才接触过 APL，它是 "A Programming Language" 的缩写。这门语言专为数学运算而设计，如今已很少使用。

代码清单 1-1 n 的二进制表示（APL）

```
2 2 2 2 2 T n
```

如代码清单 1-2 所示，第二段代码采用 Java 编写，作用是把 n 转换为相应的二进制表示。本例的困惑之处在于程序员可能不了解 toBinaryString() 方法的用途。

代码清单 1-2 n 的二进制表示（Java）

```java
public class BinaryCalculator {
    public static void mian(String[] args) {
        int n = 2;
        System.out.println(Integer.toBinaryString(n));
    }
}
```

如代码清单 1-3 所示，第三段代码采用 BASIC 编写，作用是把 N 转换为相应的二进制表示。本例的困惑之处在于大脑无法记住执行过程的所有步骤。

代码清单 1-3 N 的二进制表示（BASIC）

```
1  LET N2 =  ABS (INT (N))
2  LET B$ = ""
3  FOR N1 = N2 TO 0 STEP 0
4      LET N2 =  INT (N1 / 2)
5      LET B$ =  STR$ (N1 - N2 * 2) + B$
6      LET N1 = N2
7  NEXT N1
8  PRINT B$
9  RETURN
```

1.1.1 第一种困惑：缺乏知识

接下来，我们深入剖析阅读 3 段代码时遇到的情况。首先讨论 APL 程序，如代码清单 1-4 所示，请观察这段代码如何把 n 转换为相应的二进制表示。本例的困惑之处在于程序员可能不清楚 T 的含义。

代码清单 1-4　二进制表示（APL）

```
2 2 2 2 2 T n
```

如果本书的大多数读者既不熟悉 APL，也不清楚运算符 T 的含义，那么缺乏**知识**就是困惑的根源所在。

1.1.2　第二种困惑：缺乏信息

对第二段代码来说，困惑的根源有所不同。只要对程序设计有一定了解，那么就算不是 Java 方面的专家，大脑也能检索到 Java 程序的相关信息。如代码清单 1-5 所示，这段代码的作用是把 n 转换为相应的二进制表示，而不了解 toBinaryString() 方法的用途可能令程序员感到困惑。

代码清单 1-5　二进制表示（Java）

```java
public class BinaryCalculator {
    public static void mian(String[] args) {
        int n = 2;
        System.out.println(Integer.toBinaryString(n));
    }
}
```

虽然根据方法名可以推测出 toBinaryString() 方法的用途，但要想深入了解这段代码的作用，还要浏览其他代码以找出 toBinaryString() 方法的定义，并从声明该方法的位置继续阅读。因此，本例的困惑之处在于缺乏信息：很难判断 toBinaryString() 方法的具体用途，需要从其他代码中寻找线索。

1.1.3　第三种困惑：缺乏加工能力

阅读第三段代码时，可以根据变量名和操作合理推测代码的作用。但是在阅读代码的过程中，大脑很难处理整个执行过程。这段代码的作用是把 N 转换为相应的二进制表示，困惑的原因在于大脑无法记住执行过程的所有步骤。如图 1-1 所示，为厘清每一步的脉络，可以把变量的中间值写在代码行旁边作为参考。

```
1   LET N2 =   ABS (INT (N))  ⟶ 7
2   LET B$ = ""
3   FOR N1 = N2 TO 0 STEP 0
4       LET N2 =   INT (N1 / 2)  ⟶ 3
5       LET B$ =   STR$ (N1 - N2 * 2) + B$  ⟶ "|"
6       LET N1 = N2
7   NEXT N1
8   PRINT B$
9   RETURN
```

图 1-1　二进制表示（BASIC）

本例造成的困惑与大脑缺乏**加工能力**有关，因为要同时记住所有变量的中间值和相应的操作绝非易事。如果确实希望心算这段代码的结果，那么可能需要用纸和笔记下几个中间值，或者像图 1-1 那样把中间值写在代码行旁边。困惑总是面目可憎、令人生厌，上述 3 个示例展示了困惑的 3 个来源。第一种困惑源于不了解正在阅读的编程语言、算法或领域。第二种困惑源于无法获得理解代码所需的全部信息，尤其是如今的代码经常使用各种库、模块或包，想读懂代码就需要检索大量信息，而在收集新信息的同时还不能忘记原本应该完成的任务。第三种困惑源于代码有时过于复杂，超出了大脑的加工能力。

1.2 节将详细介绍 3 种认知过程，它们分别对应于上面讨论的 3 种困惑。

1.2　影响程序设计的不同认知过程

阅读前文给出的 3 段代码时，大脑内部存在 3 种认知过程。如前所述，不同的困惑涉及不同的认知过程，这些认知过程都与记忆有关。本章稍后会详细解释。

长时记忆（long-term memory）可以无限期存储所有记忆，缺乏知识意味着长时记忆中缺少足够的相关事实。大脑获取的信息暂时存储于**短时记忆**（short-term memory），但如果需要检索的内容过多，那么大脑可能会遗忘部分已经获取的信息。缺乏信息会影响短时记忆。思维活动在**工作记忆**（working memory）中进行，当大脑必须加工大量信息时会受到影响。

不同类型的困惑对应于不同类型的认知过程，简要概括如下。

❑ 缺乏知识会影响长时记忆。
❑ 缺乏信息会影响短时记忆。
❑ 缺乏加工能力会影响工作记忆。

上述 3 种认知过程不仅在阅读代码时起作用，而且与包括编写代码、设计系统架构或编写文档在内的所有认知活动都有关系。

1.2.1　长时记忆和程序设计

程序设计中涉及的第一种认知过程是长时记忆，它可以把记忆保存很长时间。大多数人能够回忆起几年前甚至几十年前发生的事情。无论是系鞋带（肌肉会形成条件反射）还是编写二分搜索程序（大脑能记住抽象算法、编程语言的语法以及如何使用键盘打字），人类的所有活动都与长时记忆有关。第 3 章将详细讨论长时记忆的应用，包括这些不同形式的回忆以及如何改善长时记忆。

长时记忆会存储几类相关的编程信息，例如成功运用某种编程技巧的记忆、Java 关键字的含义、英语单词的含义或者 Java 中 int 型变量的最大值（2 147 483 647）。

长时记忆相当于能长时间存储信息的计算机硬盘。

APL 程序（代码示例 1）：长时记忆

阅读第一段代码时，大脑运用最多的是长时记忆。如果了解 APL 关键字 T 的含义，那么在阅读第一段代码时，你的大脑就会从长时记忆中提取出这个关键字。

第一个代码示例也彰显出掌握相关语法知识的重要性。如果对 T 的含义一无所知，则很难读懂这段代码。相反，如果知道 T 代表**二元编码**（dyadic encode）函数（用于把某个值转换为不同的数字表示形式），那么阅读这段代码就是小菜一碟：既无须理解任何单词，也不必一步一步琢磨代码的作用。

1.2.2　短时记忆和程序设计

程序设计中涉及的第二种认知过程是短时记忆，它用于暂时保存大脑接收的信息。举例来说，当我们在电话里听到对方报出的电话号码时，号码不会直接进入长时记忆，而是首先进入容量有限的短时记忆。短时记忆的容量众说纷纭，但大多数科学家认为这种记忆只能存储少量信息元素，通常不会超过 12 个。

例如，在阅读程序时，大脑会把程序使用的关键字、变量名和数据结构暂时保存在短时记忆中。

Java 程序（代码示例 2）：短时记忆

阅读第二段代码时，短时记忆起决定性作用。如代码清单 1-6 所示，我们首先阅读第 2 行代码，得知 n 是一个整数，但此时还无法确定整段代码的作用。不过可以继续阅读其他代码，并记住 "n 是整数" 这一事实，该信息会在短时记忆中保存一段时间。接下来阅读第 4 行代码，根据 toBinaryString() 方法可以判断出该方法的作用是将给定整数的十进制形式转换为相应的二进制形式。用不了一天甚至一小时，我们可能就会忘记这个方法。在解决当前的问题（本例是理解方法的作用）后，大脑便会清空短时记忆。

代码清单 1-6　把数字 n 转换为 Java 的二进制表示

```java
public class BinaryCalculator {
    public static void mian(String[] args) {
```

```
        int n = 2;
        System.out.println(Integer.toBinaryString(n));
    }
}
```

不了解 `toBinaryString()` 方法的用途很可能会影响大脑理解这段代码。

在第二个示例中，尽管短时记忆是理解代码的决定性因素，但长时记忆同样会起作用。实际上，人类的所有活动都涉及长时记忆，阅读 Java 程序也不例外。

举例来说，熟悉 Java 的程序员（假设大多数程序员熟悉这门语言）知道，忽略 "public class"和 "public static void main" 不会影响大脑理解这段代码的作用，而且他们也许根本没有注意到，示例代码有意把 "main" 错拼为 "mian"。

在本例中，大脑通过假定 `main` 方法的名称 "抄近道"，把两种认知过程合二为一：大脑根据长时记忆存储的过往经验决定使用 "main"，而不是使用实际接收并存储在短时记忆中的"mian"。由此可见，这两种认知过程并不像前文讨论的那样泾渭分明。

如果把长时记忆比作大脑用来永久存储记忆的 "硬盘"，那么短时记忆就相当于计算机用来暂时存储值的内存或缓存。

1.2.3　工作记忆和程序设计

程序设计中涉及的第三种认知过程是工作记忆。短时记忆和长时记忆相当于信息存储设备：大脑接收到的信息要么暂时保存在短时记忆中，要么长期保存在长时记忆中。但实际的思维活动不是在短时记忆或长时记忆中进行，而是在工作记忆中进行。工作记忆是孕育新想法、新观点以及新方案的摇篮。如果把长时记忆比作硬盘，短时记忆比作内存，那么工作记忆就相当于大脑的"处理器"。

BASIC 程序（代码示例 3）：工作记忆

阅读第三段代码时，大脑利用长时记忆来存储关键字的含义（例如 LET 和 EXIT），利用短时记忆来存储接收到的部分信息（例如 "B$ 以空字符串开头"）。

但是，在阅读代码的过程中，大脑还会进行更多活动。程序员会尝试心算并梳理代码的执行结果，这个过程称为**追踪**，也就是在脑海里编译并执行代码。大脑内部用于追踪以及进行其他复杂认知活动的机制称为工作记忆，这种记忆相当于计算机用来执行计算任务的处理器。

在追踪极其复杂的程序时，大脑或许认为有必要记下变量的值——要么写在代码行旁边，要么写在单独的表格里。

如果大脑感觉需要借助外部媒介来存储信息，则可能意味着工作记忆的负担过重，难以加工更多信息。第 4 章将讨论信息过载问题以及如何避免大脑出现这种情况。

1.3　认知过程之间的关系

1.2 节详细讨论了 3 种与程序设计有关的重要认知过程。概括来说，长时记忆用于长期保存获取的信息，短时记忆用于暂时保存刚刚接收的信息，工作记忆则用于加工信息和孕育新想法。虽然本章把它们分为相互独立的过程，但是这 3 种认知过程之间的关系十分密切。下面来梳理一下三者之间的关系。

1.3.1　简要剖析认知过程如何相互作用

如图 1-2 所示，任何思考活动其实都会在某种程度上激活所有 3 种认知过程。阅读 Java 代码片段（参见代码清单 1-2）时，你可能已经在有意识地运用这些认知过程——大脑把"n 是整数"这类信息存储在短时记忆中，同时从长时记忆中提取出整数的定义，并利用工作记忆思考这段代码的作用。

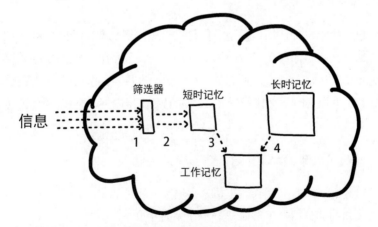

图 1-2　本书讨论的 3 种认知过程一览：短时记忆、长时记忆和工作记忆。箭头 1 代表进入大脑的信息，箭头 2 代表进入短时记忆的信息，箭头 3 代表从短时记忆转移到工作记忆的信息，这些信息与来自长时记忆的信息（箭头 4）相结合。工作记忆是大脑在进行思维活动时加工信息的机制

到目前为止，本章侧重于讨论代码阅读涉及的认知过程，但其他许多编程相关任务也会涉及这 3 种认知过程。

1.3.2 编程任务涉及的认知过程

我们以程序员阅读客户提交的错误报告为例进行讨论。问题似乎由差一错误引起。错误报告通过感官进入大脑——如果用眼睛看报告，那么感官就是眼睛；如果用读屏器"听"报告，那么感官就是耳朵。为解决问题，程序员必须再次阅读几个月前所写的代码。在重读代码的过程中，大脑把接收到的信息保存在短时记忆中，并从长时记忆中检索几个月前的信息（例如当时使用的 Actor 模型）。除了有关经验的记忆，长时记忆还会存储事实信息（例如差一错误的解决方案）。无论是刚刚获取的错误报告（存储在短时记忆中），还是解决类似错误的个人记忆和相关知识（存储在长时记忆中），所有信息都会进入工作记忆，大脑利用工作记忆来思考如何解决当前的问题。

📖 练习 1-1

前文讨论了程序设计中涉及的 3 种认知过程。为加深印象，本练习设计了 3 段代码，不过这次没有解释它们的作用。因此，你必须阅读这 3 段代码并确定它们的作用。与之前的示例一样，3 段代码依次采用 APL、Java 和 BASIC 编写，但是每段代码执行的操作各不相同，所以无法依靠第一段代码来理解其他两段代码。

请仔细阅读 3 段代码并设法确定它们的作用，同时认真想一想阅读代码时涉及哪些认知过程。表 1-1 列出的问题可以作为指导自我分析的工具。

表 1-1　代码与认知过程

	代码片段 1	代码片段 2	代码片段 3
大脑是否从长时记忆中提取信息？			
如果大脑从长时记忆中提取信息，那么会提取哪些信息？			
大脑是否把信息存储在短时记忆中？			
大脑会明确存储哪些信息？			
大脑会忽略哪些看似无关紧要的信息？			
工作记忆是否在大量加工某些代码？			
哪部分代码会加重工作记忆的负担？			
大脑是否理解为什么这部分代码使工作记忆发挥作用？			

代码片段 1   APL 程序

```
f • {ω≤1:ω ◊ (∇ ω-1)+∇ ω-2}
```

这段代码的作用是什么？阅读代码时涉及哪些认知过程？

代码片段 2   Java 程序

```java
public class Luhn {
    public static void main(String[] args) {
        System.out.println(luhnTest("49927398716"));
    }

    public static boolean luhnTest(String number){
        int s1 = 0, s2 = 0;
        String reverse = new StringBuffer(number).reverse().toString();
        for(int i = 0 ;i < reverse.length();i++){
            int digit = Character.digit(reverse.charAt(i), 10);
            if(i % 2 == 0){//进行奇数位和偶数位校验
                s1 += digit;
            }else{//对于0~4，加上 2 * digit；对于5~9，加上 2 * digit - 9
                s2 += 2 * digit;
                if(digit >= 5){
                    s2 -= 9;
                }
            }
        }
        return (s1 + s2) % 10 == 0;
    }
}
```

这段代码的作用是什么？阅读代码时涉及哪些认知过程？

代码片段 3   BASIC 程序

```
100 INPUT PROMPT "String: ":TX$
120 LET RES$=""
130 FOR I=LEN(TX$) TO 1 STEP-1
140   LET RES$=RES$&TX$(I)
150 NEXT
160 PRINT RES$
```

这段代码的作用是什么？阅读代码时涉及哪些认知过程？

1.4   小结

❑ 在程序设计中，缺乏知识、缺乏容易获取的信息或大脑缺乏加工能力都可能令程序员感到困惑。

❑ 阅读或编写代码时涉及 3 种认知过程。

1

- □ 第一种认知过程：大脑从长时记忆中提取信息（例如关键字的含义）。
- □ 第二种认知过程：大脑把当前的程序信息（例如方法名和变量名）暂时存储在短时记忆中。
- □ 第三种认知过程：大脑在工作记忆中加工代码的相关信息（例如发现索引少 1）。
- □ 代码阅读涉及所有 3 种认知过程，三者相辅相成。例如，遇到 n 这样的变量名时，大脑将其存储在短时记忆中，并从长时记忆中检索曾经读过的相关程序。遇到某个模棱两可的单词时，大脑会激活工作记忆，并努力根据上下文确定这个单词的确切含义。

第 2 章

快速阅读代码

内容提要

❑ 剖析资深程序员也很难快速阅读代码的原因

❑ 分析大脑如何将新信息分解为可识别的元素

❑ 探讨长时记忆和短时记忆协作分析信息（例如单词或代码）的方式

❑ 介绍图像记忆在加工代码时所起的作用

❑ 解释如何通过记忆代码来（自我）评估编程水平

❑ 练习编写更便于其他人阅读的代码

第 1 章介绍了编写和阅读代码时起作用的 3 种认知过程。第一种认知过程是长时记忆，负责存储记忆和事实，相当于计算机硬盘。第二种认知过程是短时记忆，负责暂时存储进入大脑的信息，相当于计算机内存。第三种认知过程是工作记忆，负责加工长时记忆和短时记忆存储的信息以进行思维活动，相当于计算机处理器。

本章聚焦于代码阅读的相关问题。在程序员的职业生涯中，代码阅读所占的比重往往超出想象。研究表明，程序员平均每天花在**理解**代码而不是**编写**代码方面的时间接近 60%。[①]因此，在保证准确的前提下加快代码阅读速度，对于提高编程水平大有裨益。

从第 1 章的讨论可知，阅读代码时获得的信息会首先进入短时记忆。本章从分析大脑为什么很难加工代码包含的大量信息入手进行讨论。如果程序员了解快速阅读代码时大脑的活动情况，则更容易判断自己的理解正确与否。接下来，本章介绍如何通过练习快速浏览多个代码片段等方法来提高代码阅读水平。最后，本章剖析代码阅读难度很大的原因，讨论加快代码阅读速度的技巧，并给出有助于不断提高代码阅读水平的方法。

---

① Xin Xia et al. Measuring Program Comprehension: A Large-Scale Field Study with Professionals, 2017.

2.1　快速阅读代码

Harold Abelson、Gerald Jay Sussman 和 Julie Sussman 合著的《计算机程序的构造和解释》一书中有一句名言："代码是写给人看的，只是恰好能让机器运行。"此言非虚，但程序员练习写代码的时间其实远远超过练习读代码的时间。

这一点早有端倪。学习程序设计时，我们往往投入大量精力编写代码。最常见的情况是，无论在学校里或工作中学习编程还是参加培训课程，编写代码都是重中之重。有关程序设计的练习围绕掌握解决问题的方法以及编写解决问题的代码展开，而代码阅读往往不受重视，缺乏实践经常令程序员在阅读代码时感到无从下手。本章致力于帮助程序员提高代码阅读水平。

很多时候需要阅读代码，例如添加功能、查找错误、分析大型系统的用途等。无论哪种情况，阅读代码的目的都是查找代码包含的特定信息，包括实现新功能的正确位置、某个错误的位置、上次编辑代码的位置或某个方法的实现方式。

提高快速查找相关信息的能力有助于减少反复浏览代码的次数。如果代码阅读水平很高，那么还可以降低浏览代码以查找其他信息的频率。花在阅读代码方面的时间越少，留给修复错误或添加新功能的时间就越多，程序员的效率因而越高。

第 1 章曾要求我们浏览采用 3 门编程语言编写的程序，以了解代码阅读涉及的 3 种认知过程。为加深对短时记忆的认识，请阅读代码清单 2-1，这段 Java 代码的作用是实现插入排序算法。阅读代码的时间不要超过 3 分钟，可以利用时钟或秒表进行计时。3 分钟过后，用纸或手盖住代码，尽量将其默写出来。

代码清单 2-1　实现插入排序的 Java 程序

```java
public class InsertionSort {
  public static void main (String [] args) {
    int [] array = {45,12,85,32,89,39,69,44,42,1,6,8};
    int temp;
    for (int i = 1; i < array.length; i++) {
      for (int j = i; j > 0; j--) {
        if (array[j] < array [j - 1]) {
          temp = array[j];
          array[j] = array[j - 1];
          array[j - 1] = temp;
        }
      }
    }
    for (int i = 0; i < array.length; i++) {
```

```
        System.out.println(array[i]);
    }
  }
}
```

2.1.1 大脑的活动情况

如图 2-1 所示，在默写实现插入排序的 Java 程序时，大脑会同时使用短时记忆和长时记忆。

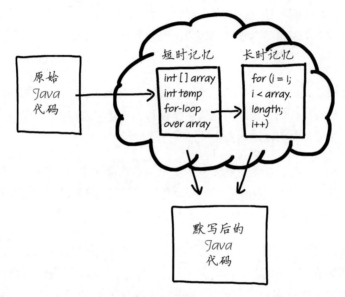

图 2-1   记忆代码时起作用的认知过程：部分信息（例如变量名和变量值）存储在短时
记忆中，部分信息（例如 for 循环的语法）存储在长时记忆中

短时记忆用于存储大脑刚刚接收到的一些信息，长时记忆则通过两种方式加以巩固。第一种方式是依靠 Java 的语法知识。大脑可能对"遍历数组的 for 循环"有印象，检索长时记忆后找到相应的语法是 for(int i = 0; i < array.length; i++)。大脑也可能对"输出数组的所有元素"有印象，检索长时记忆后找到相应的语法是 for(i = 0; i < array.length; i++){System.out.println(array[i]);}。

第二种方式是依靠"程序功能是实现插入排序"这一事实。对于印象不深刻的某些代码，默写时记住程序实现的功能或许有所帮助。举例来说，你在阅读代码时可能不记得数组的两个元素值发生交换，但由于熟悉插入排序算法，因此知道程序中应该包含交换操作。

2.1.2　回顾默写的代码

为深入理解认知过程，请再次浏览你默写的代码，并标出哪部分代码直接来自短时记忆存储的信息，哪部分代码来自长时记忆存储的信息。例如，图 2-2 通过颜色深浅来区分默写代码的认知过程。

```
public class InsertionSort {
  public static void main (String [] args) {
    int [] array = {45,12,…};
    int temp;
    for (int i = 1; i < array.length; i++) {
      for (int j = i; j > 0; j--) {
        if (array[j] < array [j - 1]) {
          //交换 j 与 j - 1
          temp = array[j];
          array[j] = array[j - 1];
          array[j - 1] = temp;
        }
      }
    }
    //打印数组
    for (int i = 0; i < array.length; i++) {
      System.out.println(array[i]);
    }
  }
}
```

图 2-2　某资深 Java 程序员根据代码清单 2-1 默写出的代码，并通过颜色深浅来区分相关的认知过程：颜色较深的代码来自短时记忆存储的信息，颜色较浅的代码则来自长时记忆存储的信息。注意程序员在默写时又加入了一些内容（例如注释），因此默写出的代码比原始代码要长

当然，从长时记忆中能提取出哪些信息与长时记忆存储的信息有关。缺乏经验的 Java 程序员从长时记忆中提取出的信息可能非常少，所以图 2-2 仅供参考，实际情况因人而异。另外需要注意的是，图 2-2 所示的默写代码包括一些原始代码没有的注释。根据我对程序员记忆源代码所做的研究，我发现他们有时会在默写代码时添加注释以帮助记忆，例如先写下"输出数组"，再填入实际的代码实现。你是否也是这样做的呢？

当然，注释通常用于描述已经写好的代码，但是其用途不止于此。从本例可以看到，程序员也会借助注释来记忆需要默写的代码。后续章节将详细讨论注释的应用。

记忆 Java 程序：第二项练习

第 1 章解释了阅读代码时长时记忆和短时记忆的协作方式。在前一项练习中，你根据长时记忆存储的信息默写实现插入排序的 Java 程序，从而对长时记忆和短时记忆的这种协作有了更深

的体会。

那么，代码阅读和代码理解对长时记忆会依赖到哪种程度呢？我们再通过一项练习来加深印象。这项练习的要求与前一项练习相同：用不超过 3 分钟的时间浏览一个程序，然后盖住代码并尽量默写出来。（别偷看！）

默写对象是代码清单 2-2 所示的 Java 程序。请用 3 分钟来阅读程序，然后尽自己所能默写。

代码清单 2-2   另一个 Java 程序

```java
void execute(int x[]){
    int b = x.length;

    for (int v = b / 2 - 1; v >= 0; v--)
        func(x, b, v);

    // 逐一提取元素
    for (int l = b-1; l > 0; l--)
    {
        // 将当前元素移至末尾
        int temp = x[0];
        x[0] = x[l];
        x[l] = temp;

        func (x, l, 0);
    }
}
```

2.1.3   回顾第二次默写的代码

就算不了解你的背景或掌握的 Java 专业知识，我也可以肯定地说，记住第二个程序要费点儿脑筋。原因有两个。首先，你不清楚这段代码的确切作用，所以很难依靠长时记忆存储的知识来填补记忆空白。

其次，我有意选择"奇怪"的变量名（例如 b 和 l）作为循环迭代器。不熟悉的标识符会增加快速查找、识别和记忆模式的难度。字母 l 看起来非常像数字 1，因此使用 l 作为循环迭代器尤其具有误导性。

2.1.4   阅读不熟悉的代码时为什么会感到困难

从第二项练习可以看到，默写读过的代码并非易事。之所以很难记住代码，根本原因在于短时记忆的容量有限。

阅读代码时，大脑无法把代码包含的所有信息都存储在短时记忆中以便加工。从第 1 章的讨论可知，短时记忆只能暂时保存读过或听到的信息。用"暂时"来形容并不为过，因为时间确实很短：研究表明，信息在短时记忆中的留存时间不超过 30 秒，30 秒后必须进入长时记忆，否则将永远丢失。举例来说，当我们在电话里听到对方报出的电话号码时，如果不能尽快找地方写下来（例如记在便笺上），那么很可能转眼就忘。

除了受限于短时记忆的留存时间，信息记忆还受限于短时记忆的容量。

与计算机的存储设备类似，长时记忆的容量远远超过短时记忆。而比起容量达到几吉字节（GB）的内存，短时记忆的容量要小得多，仅有几个可供存储信息的"插槽"。在 1956 年发表的论文 "The Magical Number Seven, Plus or Minus Two: Some Limits on Our Capacity for Processing Information"（神奇的数字 7 ± 2：人类信息加工能力的某些局限）中，20 世纪最有影响力的认知心理学家之一 George Miller 阐述了上述观点。

近年来的研究表明，短时记忆的容量甚至更小，大约只能存储 2~6 个信息元素。大多数人的短时记忆存在这种限制，科学家尚未找到扩大短时记忆容量的可靠途径。大脑能用容量不足 1 字节的"内存"处理任何事情，不得不说是个奇迹。

由于短时记忆的容量有限，因此大脑会结合使用短时记忆和长时记忆来理解正在阅读或记忆的内容。2.2 节将详细讨论两种记忆如何协作以弥补容量不足的短板。

2.2　弥补记忆容量不足的短板

从 2.1.4 节的讨论可知，短时记忆的容量有限，在默写两段代码时你对此已有切身体会。但是在阅读代码片段时，你记住的字符可能超过 6 个，这不是与短时记忆最多只能存储 6 个信息元素的说法相互矛盾吗？

"短时记忆最多只能存储 6 个信息元素"不只适用于代码阅读，也适用于所有认知任务。那么，大脑为什么能用容量极为有限的"内存"处理任何事情呢？例如，怎样读懂这句话？

根据 Miller 的理论，在读过大约 6 个字母后，大脑不是应该开始忘记最初读过的字母吗？可是我们显然能够记住并加工超过 6 个字母的信息，这又是为什么呢？为剖析阅读陌生代码为何如此之难，接下来我们讨论科学家针对国际象棋棋手所做的重要实验，实验结果揭示出了短时记忆的更多奥秘。

2.2.1　组块威力大

荷兰数学家 Adrian de Groot[①]率先提出**组块**（chunk）的概念。de Groot 既是数学家，也是国际象棋的"铁杆粉丝"。他对下面这个问题产生了浓厚兴趣：为什么有人可以成为国际象棋大师，有人则终其一生只是"普通"棋手？为研究棋力问题，de Groot 做了两项实验。

在第一项实验（参见图 2-3）中，de Groot 请棋手们用几秒的时间扫视给出的棋局，然后盖住棋子，要求他们凭记忆还原棋局。这项实验其实类似于 2.1 节默写 Java 源代码的练习。de Groot 不仅对每位棋手记忆棋局的能力感兴趣，他还重点比较了两组被试者（研究对象）的表现。第一组被试者由普通棋手组成，第二组被试者则由职业棋手（国际象棋大师）组成。在观察两组棋手的表现后，de Groot 发现职业棋手比普通棋手更善于还原棋局。

图 2-3　在第一项实验中，de Groot 要求职业棋手和普通棋手记忆给出的棋局，他发现职业棋手比普通棋手更善于还原棋局

根据这项实验的结果，de Groot 得出结论：职业棋手的表现之所以优于普通棋手，是因为职业棋手的短时记忆容量更大。de Groot 还推测，高手之所以是高手，拥有更大的短时记忆容量也许是首要原因。他们能够记住更多棋局，从而在对弈时展现出高人一筹的实力。

---

① 顺便提一句，"de Groot"的发音听起来不像"boot"或"tooth"，而像"growth"。

然而，de Groot 并不完全相信自己的判断，所以又做了一项类似的实验：他再次要求普通棋手和职业棋手用几秒的时间扫视给出的棋局，然后凭记忆还原，但这次使用的棋局有所不同。有别于第一项实验要求棋手还原真正的棋局，de Groot 将棋子随意摆在棋盘上——不是简单地随意摆放，而是毫无规律、胡乱摆放。他随后再次比较两组棋手的表现，发现结果与第一项实验不同：普通棋手和职业棋手在还原棋局时的表现都很糟糕。

两项实验的结果促使 de Groot 深入思考普通棋手和职业棋手究竟是如何记忆棋局的。他发现，普通棋手在两项实验中主要采用逐子记忆的方式，他们通过默念"车在 a7，兵在 b5，王在 c8……"来回忆棋子的位置。

而在第一项实验中，职业棋手表现出不同的记忆策略，他们严重依赖长时记忆存储的信息。例如，职业棋手可能这样记忆棋局："西西里防御开局，但马的位置左移两格。"当然，采用这种方式的前提是了解西西里防御的走法，这些信息存储在长时记忆中。当职业棋手采用这种方式记忆棋局时，只有 4 个信息元素会进入短时记忆（"西西里防御""马""两格""左"）。我们知道，短时记忆约有 2~6 个存储"插槽"，因此保存 4 个信息元素不成问题。

一些职业棋手还会结合自己的对弈经历或曾经接触过的对局来记忆棋局，例如"这是我在三月份那个下雨的周六与 Betsie 的对局，但采用长易位"。这些信息也存储在长时记忆中。通过回想以往的经历来记忆棋局时，同样只有几个信息元素会进入短时记忆。

相反，普通棋手试图记住每一枚棋子的位置，导致短时记忆的容量很快耗尽。普通棋手无法像职业棋手那样以合乎逻辑的方式将信息分组，因此在第一项实验中的表现不及职业棋手。这是因为存储"插槽"全部用完后，短时记忆就没有空间容纳新的信息了。

de Groot 将分组后的信息称为"组块"。举例来说，可以把"西西里防御"看作一个组块，短时记忆会为其分配一个存储空间。组块理论也能很好地解释为什么两组棋手在第二项实验中的表现差别不大。这是因为面对随意摆放的棋子，职业棋手无法再依靠长时记忆存储的棋局"数据库"迅速对棋子进行分组。

📖 练习 2-1

你可能对 de Groot 所做的两项实验深信不疑，但是亲自体验一下组块理论会更有说服力。

请用 5 秒的时间扫视以下字符，然后尽量记忆。

ᑐᓲ ᐱᏟᏭᏞ ᕐᏞᐢ

看看能记住几个字符？

📖 练习 2-2

现在用 5 秒的时间扫视以下字符，然后尽量记忆。

abk mrtpi gbar

是不是比第一组字符更容易记住？原因在于第二组字符由大脑可以识别的字母组成。实际上，两组字符的长度完全一样，都包括由 12 个字符组成的 3 个单词，其中 9 个字符不同。

📖 练习 2-3

再来做一项练习。下面这组字符同样由 3 个单词组成，其中 9 个字符不同。请用 5 秒的时间扫视字符，然后尽量记忆。

cat loves cake

记忆第三组字符的难度是否远低于记忆前两组字符？之所以如此，是因为大脑可以把第三组字符划分为 3 个单词，从而只要记住"cat"（猫）"loves"（爱吃）"cake"（蛋糕）这 3 个组块即可。短时记忆存储 3 个信息元素没有任何问题，所以记住第三组字符的完整内容并不难。相比之下，前两组字符包含的信息元素较多，可能已经超出短时记忆的容量限制。

代码中的组块

从前文的讨论可知，大脑对某件事的印象越深刻，就越容易实现信息的有效分块。职业棋手的长时记忆中存储着大量不同的棋局，因此还原棋局的能力更强。练习 2-1、练习 2-2 和练习 2-3 分别要求记忆字符、字母和单词，而记忆单词的难度远低于记忆陌生字符，因为大脑可以从长时记忆中提取出单词的含义。

如果长时记忆存储的信息足够多，那么就更容易记住某件事，程序设计同样如此。接下来，我们将具体讨论编程和组块的研究成果，并分析如何培养代码分块能力以及如何编写易于分块的代码。

2.2.2 资深程序员比新手程序员更善于记忆代码

de Groot 的研究在认知科学领域产生了深远影响，他的实验也促使计算机科学家开始研究程序设计领域是否存在类似的结果。

例如，1981 年，美国贝尔实验室研究员 Katherine B. McKeithen 以程序员为对象设法重复 de Groot 所做的实验。[①] 她和同事找来 53 位初级程序员、中级程序员和高级程序员，请他们阅读几段长度为 30 行、采用 ALGOL 语言编写的程序。有些程序是正常的程序，类似于 de Groot 所做的第一项实验（棋子按照真正的棋局摆放）；有些程序则打乱代码行的顺序，类似于 de Groot 所做的第二项实验（棋子随意摆放）。McKeithen 要求被试者用两分钟的时间阅读这些程序，然后尽全力默写出来。

McKeithen 得到的实验结果与 de Groot 得到的实验结果非常类似。如图 2-4 所示，在记忆没有打乱顺序的程序时，高级程序员的表现优于中级程序员，中级程序员的表现又优于初级程序员。而在记忆打乱顺序的程序时，3 组程序员的表现几乎没有区别。

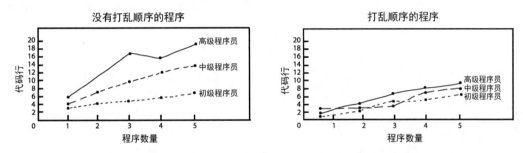

图 2-4　在 McKeithen 等人所做的实验中，初级程序员、中级程序员和高级程序员能够
　　　　记住的代码行数。在默写普通程序时，高级程序员的表现明显更胜一筹（左）；
　　　　在默写打乱顺序、没有意义的程序时，3 组程序员的表现几无二致（右）

这项研究最大的收获是发现编程新手能够加工的代码比编程老手要少得多。无论对团队新人进行适岗培训还是学习一门新的编程语言，请牢记这一点。即使聪明的程序员可以熟练运用各种编程语言或环境，在遇到不熟悉的关键字、结构或领域概念时也会"找不着北"，原因在于这些信息尚未进入长时记忆。第 3 章将讨论如何迅速可靠地学习编程语法和概念。

① Katherine B. McKeithen et al. Knowledge Organization and Skill Differences in Computer Programmers, 1981.

2.3   看到的代码比读到的代码多

下面先来简单讨论一下大脑在收到信息时的活动情况，然后深入剖析短时记忆。进入短时记忆前，信息会经历称为**感觉记忆**（sensory memory）的阶段。

如果仍然用计算机作为类比，那么感觉记忆相当于和鼠标、键盘等输入设备相互通信的 I/O 缓冲区。I/O 缓冲区用于暂时存储外围设备传输的信息，而感觉记忆用于暂时存储大脑接收的视觉、听觉或触觉信息。形、声、闻、味、触这五感在感觉记忆中均有对应的"缓存"。并非所有感觉信息都与编程有关，因此本章只讨论与视觉信息有关的感觉记忆，即**图像记忆**（iconic memory）。

2.3.1   图像记忆

信息通过感官首先进入感觉记忆，随后才进入短时记忆。阅读代码时，信息接收器官是眼睛，眼睛看到的信息会暂时存储于图像记忆。

不妨想一想我们在跨年夜挥舞的烟火棒，这是解释图像记忆的最佳方式：当挥舞烟火棒的速度足够快时，眼睛就会看到它在空中划出的字母。无论你是否想过背后的原因，但眼睛之所以能看到光影图案，是因为图像记忆在起作用。眼睛刚刚看到的图像会产生视觉刺激，而图像记忆可以暂时存储视觉刺激。请在读完这句话后放下书闭上眼，再来感受一下图像记忆：即使双眼紧闭，我们仍然可以"看到"书页的形状，而此时起作用的同样是图像记忆。

那么，图像记忆在阅读代码时起到什么作用呢？讨论这个问题之前，我们先来介绍一下图像记忆的背景。美国认知心理学家 George Sperling 是图像记忆研究领域的先驱之一，他在 20 世纪 60 年代曾开展过感觉记忆的相关研究[1]中，Sperling 要求被试者观察一个大小为 3×3 或 3×4 的字母网格，这个网格类似于视力表，但所有字母的大小都相同，如图 2-5 所示。

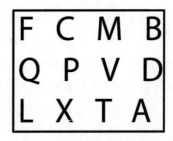

图 2-5   Sperling 要求被试者回忆的字母网格

---

① George Sperling. The Information Available in Brief Visual Presentations, 1960.

Sperling 只给被试者 50 毫秒（0.05 秒）的时间扫视网格，然后从网格中随机选出一行或一列（例如顶行或左列），要求被试者回忆其中包含哪些字母。人眼的反应时间约为 200 毫秒（0.2 秒），这个速度不可谓不快，但还不够快，因此被试者无论如何也不可能在 50 毫秒内看完这些字母。但实验结果表明，被试者在大约 75%的测试中可以记住网格某一行或某一列的所有字母。考虑到被试者需要回忆随机选择的一行或一列字母，因此成功率达到 75%意味着他们能够记住 3×3 网格（9 个字母）或 3×4 网格（12 个字母）的大多数甚至全部字母，而这已经超出短时记忆的容量限制。

被试者的记忆力算不上多么出色。当 Sperling 要求被试者回忆所有字母时，他们的表现远远不及回忆一组特定的字母：通常情况下，被试者只能记住一半左右的字母。这个实验结果符合我们对短时记忆的既有认知，Sperling 在开展实验时也知道这一点，即短时记忆最多可以存储大约 6 个信息元素。但是当 Sperling 要求被试者一次只回忆三四个字母时，许多人还能回忆起所有字母，这说明整个字母网格存储在大脑的"某个区域"，而这个区域显然不同于容量有限的短时记忆。Sperling 把负责存储视觉信息的区域称为图像记忆。他的实验表明，短时记忆并不会加工图像记忆存储的所有信息。

图像记忆和代码

如前所述，眼睛看到的任何信息首先进入图像记忆，但短时记忆并不会加工图像记忆存储的所有信息。正因为如此，当阅读代码产生的大量信息进入大脑时，大脑必须在加工信息时做出取舍。然而，这些取舍并非有意为之，忽略代码的某些细节往往发生在无意之间。换句话说，阅读代码时，大脑在理论上可以记住超出短时记忆加工能力的信息。

程序员不妨利用图像记忆来提高代码阅读的效率：首先扫一眼代码，然后回忆看到的内容。练习"扫视代码"有助于大脑建立起对代码的初步印象。

📖 练习 2-4

从自己的代码库中或 GitHub 上挑选一段比较熟悉的代码。代码种类或编写代码所用的语言无关紧要，代码长度控制在半页纸左右最合适。如果有条件，建议把代码打印出来。

用几秒的时间扫视代码，然后移开视线并回答以下问题。

❑ 代码结构是什么？
- 代码是深度嵌套还是扁平化？
- 是否存在突出的代码？

❑ 空白字符在构造代码时起到哪些作用?

■ 代码中是否存在空白?

■ 代码中是否存在二进制大对象?

2.3.2　不是记忆的内容，而是记忆的方法

在尝试默写刚刚读过的代码时，分析一下自己可以记住哪些代码行是相当有效的评估手段，有助于判断对代码的理解是否正确。而除了记住代码的**内容**，记忆的**顺序**同样能帮助程序员理解代码。

在重复 de Groot 所做的国际象棋实验时，McKeithen 等人曾要求不同水平的程序员阅读 ALGOL 程序。他们还做过另一项实验，从而进一步丰富了组块理论。[①]在这项实验中，研究人员要求初级程序员、中级程序员和高级程序员记住 IF、TRUE、END 等 21 个 ALGOL 关键字。

实验中所用的关键字如图 2-6 所示。如果对此感兴趣，你不妨挑战一下自己，看看能否记住所有关键字。

STRING CASE OR NULL ELSE STEP DO

FOR WHILE TRUE IS REAL THEN OF

FALSE BITS LONG AND SHORT IF END

图 2-6　McKeithen 等人在研究中使用的 21 个 ALGOL 关键字。初级程序员、中级程序
员和高级程序员需要记住全部关键字

在被试者熟练掌握全部 21 个关键字后，研究人员要求他们默写出所有关键字。如果你也记住了这些关键字，现在请试着写出它们，以便与被试者的结果进行对比。

根据被试者默写关键字的顺序，McKeithen 等人得以深入了解他们在记忆关键字时建立的联系。研究结果表明，初级程序员和高级程序员采用不同的方式划分 ALGOL 关键字。举例来说，初级程序员往往利用句子来帮助记忆，例如 "TRUE IS REAL THEN FALSE"（真是真，假是假）；

[①] 这项实验的结果发表在 McKeithen 等人撰写的同一篇论文 "Knowledge Organization and Skill Differences in Computer Programmers" 中。

高级程序员则利用编程的先验知识（prior knowledge）来划分关键字，例如把 TRUE 和 FALSE 归为一组，或是把 IF、THEN 和 ELSE 归为一组。这项研究再次证明，编程"老鸟"处理代码的方式不同于编程"菜鸟"。

1. 编写可分块代码

完成前文给出的所有"记忆-分块"练习后，你就会开始对哪类代码可以分块形成条件反射。de Groot 针对国际象棋棋手所做的研究表明，常规或可预测的棋局（例如知名的开局）更便于棋手对棋子进行分块。因此，如果希望创建容易记忆的棋局，那么建议使用众所周知的开局。但是怎样才能提高代码的可读性呢？根据一些学者的研究，编写易于分块的代码可以降低代码加工的难度。

2. 使用设计模式

德国卡尔斯鲁厄理工学院计算机科学教授 Walter Tichy 发现，使用设计模式有助于编写容易分块的代码。Tichy 对代码组块的研究多少有些偶然。他的研究对象并非代码记忆的技巧，而是设计模式。对于设计模式能否帮助程序员**维护**代码（添加新功能或修复错误）这个问题，Tichy 产生了浓厚兴趣。

Tichy 首先以学生为对象进行小规模研究，观察提供设计模式能否帮助他们理解代码。[1]他把学生分为两组：一组阅读有设计模式文档的代码，另一组阅读相同但没有设计模式文档的代码。研究结果表明，如果被试者知道代码使用了设计模式，则更有利于执行代码维护任务。

几年后，Tichy 等人又以专业人士为对象开展了一项类似的研究。[2]研究人员要求被试者首先修改使用设计模式和未使用设计模式的代码，然后参加设计模式课程，课程结束后再次修改使用设计模式和未使用设计模式的代码。针对专业人士的研究结果如图 2-7 所示。请注意，被试者在测试结束后维护的代码有所不同，因此他们并不熟悉课程结束后使用的代码。研究采用两个代码库：课程开始前接触代码库 A 的被试者在课程结束后使用代码库 B，而课程开始前接触代码库 B 的被试者在课程结束后使用代码库 A。

---

[1] Lutz Prechelt, Barbara Unger, Walter Tichy. Two Controlled Experiments Assessing the Usefulness of Design Pattern Information During Program Maintenance, 1998.

[2] Marek Vokáč, Walter Tichy, Dag I. K. Sjøberg, Erik Arisholm, Magne Aldrin. A Controlled Experiment Comparing the Maintainability of Programs Designed with and without Design Patterns—A Replication in a Real Programming Environment, 2004.

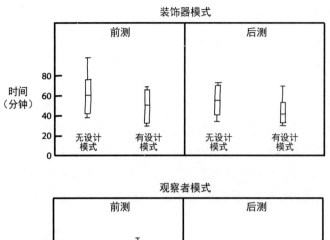

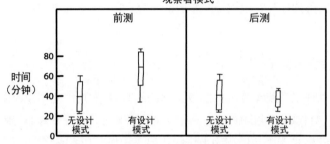

图 2-7   Tichy 等人以专业人士为对象研究设计模式对代码维护时间的影响。"无设计模式"代表
被试者修改未使用设计模式的原始代码所花的时间,"有设计模式"代表被试者修改使用
设计模式的原始代码所花的时间;"前测"代表被试者在参加设计模式课程前修改原始代
码所花的时间,"后测"代表被试者在参加设计模式课程后修改原始代码所花的时间。从
实验结果可以看到,课程结束后,被试者在修改使用设计模式的代码时速度明显加快

图 2-7 以盒须图(箱形图)[①]的形式显示了研究结果。如图所示,参加设计模式课程后(标
记为"后测"的右侧图表),被试者在维护使用设计模式的代码时所花的时间减少,但在维护没
有使用设计模式的代码时所花的时间变化不大。这项研究表明,掌握设计模式可以在一定程度上
提高代码分块能力,从而加快代码加工速度。从图 2-7 中还能看到不同的设计模式对代码维护时
间的影响有所不同:与使用装饰器模式的代码相比,使用观察者模式的代码在维护时间方面的变
化更明显。

3. 编写注释

程序员应该负责编写注释,还是追求"代码即文档"(自文档化)?程序员常常对这个问题
津津乐道。这个问题也引起了科学家的关注,他们发现了几个值得深入研究的方向。

---

① 箱体表示一半数据,箱体上边缘表示第三四分位数,下边缘表示第一四分位数,箱体内部线段表示中位数,两
条"须"表示最小值和最大值。

研究表明，程序员会花更多时间阅读包含注释的代码。有人认为注释可能产生负面影响（降低代码阅读速度），其实不然，因为这表明程序员在阅读代码时会浏览注释，至少说明为代码添加注释不是做无用功。针对程序员如何阅读代码以及注释在阅读代码时能起到哪些作用，美国夏威夷大学研究员 Martha Elizabeth Crosby 进行了研究，发现编程"菜鸟"比编程"老鸟"更关心注释。[1]本书第四部分将深入探讨团队新人的适岗培训流程，不过 Crosby 的研究表明，为代码添加注释有助于新成员更好地理解同事的代码库。

除了方便编程新手理解程序，注释对代码分块也有一定帮助。美国马里兰大学的 Quyin Fan 在 2010 年提交的博士论文 "The Effects of Beacons, Comments, and Tasks on Program Comprehension Process in Software Maintenance"（软件维护中信标、注释和任务对程序理解过程的影响）中指出，程序员在阅读代码时严重依赖注释。一方面，高级注释（例如"该函数按顺序输出给定的二叉树"）有助于对大段代码进行分块；另一方面，低级注释（例如在 i++; 后添加注释"自增 i"）反而不利于分块过程。

4. 添加信标

最后要指出的是，添加**信标**（beacon）也能使代码分块过程变得更容易。信标是程序的一部分，可以帮助程序员理解代码的作用。不妨把信标视为一行代码甚至是一行代码的一部分，看到信标会使人产生"茅塞顿开"的感觉。

根据信标往往能确定一段代码中包括哪些数据结构、算法或方法。试举一例。请观察代码清单 2-3，这段 Python 代码的作用是遍历二叉树。

代码清单 2-3　二叉树的中序遍历（Python 实现）

```
# 描述树中节点的类

class Node:
    def __init__(self, key):
        self.left = None
        self.right = None
        self.val = key


# 实现中序遍历的函数

def print_in_order(root):
    if root:

        # 首先遍历左子树
```

[1] Martha E. Crosby, Jan Stelovsky. How Do We Read Algorithms? A Case Study, 1990.

```
        print_in_order(root.left)

        # 然后打印节点数据
        print(root.val)

        # 最后遍历右子树
        print_in_order(root.right)


print("Contents of the tree are")
print_in_order(tree)
```

上述程序包括以下信标，由此可以推断出这段代码采用二叉树作为数据结构：

❑ 包含单词 "tree" 的注释；

❑ 名为 root 和 tree 的变量；

❑ 名为 left 和 right 的字段；

❑ 代码中涉及树结构的字符串内容（"Contents of the tree are"）。

程序员在阅读源代码时经常借助信标来肯定或否定自己的假设，所以信标堪称程序理解的"指路明灯"。例如，初次阅读代码清单 2-3 所示的 Python 代码时，我们可能完全不清楚这段代码的作用。当读到第 1 行注释和 Node 类时，我们推测代码与树结构有关。而当读到 left 和 right 字段时，就能进一步缩小假设范围，确定这段代码与二叉树有关。

信标通常分为两种类型：**简单信标**和**复合信标**。

简单信标是自解释的语法代码元素，例如有意义的变量名。在代码清单 2-3 中，root 和 tree 就是简单信标。某些代码包含的运算符（例如+、>和&&）和结构语句（例如 if、else 等）容易处理且具备自解释性，因此也属于简单信标。

复合信标是由多个简单信标构成的较大代码结构，为简单信标共同执行的功能提供语义。在代码清单 2-3 中，self.left 和 self.right 共同构成了一个复合信标。分开来看，二者对于理解代码没有太大帮助，但合在一起就能提供更多信息。代码元素同样可以充当复合信标。例如，for 循环包括变量、初始化赋值、增量值以及边界值，因此属于复合信标。

信标种类繁多，既可以是变量名和类名，也可以是其他标识符（例如方法名）。除了名称，特定的编程结构（例如交换或初始化为空列表）同样能够充当信标。

信标与组块有一定关系，但学界普遍认为这两个概念有所不同。研究人员往往把信标视为比组块更小的代码元素。前文介绍了 Crosby 针对注释所做的研究，她也分析过信标的作用。Crosby

发现，与初级程序员相比，高级程序员在阅读和理解代码时会频繁使用信标。[①]下面通过一项练习来帮助你识别有用的信标。

📖 **练习 2-5**

通过实践才能掌握如何使用合适的信标类型，这项练习有助于刻意练习在代码中使用信标。

第 1 步：选择代码

挑选一个你不熟悉的代码库，但务必要熟悉代码库使用的编程语言。如有可能，最好选择同事或朋友熟悉的代码库作为练习对象，以便借他人之力来判断自己的理解是否正确。从代码库中挑选一个方法或函数。

第 2 步：研究代码

研究所选的代码，看看能否归纳出代码的作用。

第 3 步：寻找信标

在分析代码功能的过程中，一旦产生"豁然开朗"的感觉，就停下来写出使自己顿悟的原因，例如注释、变量名、方法名或中间值，它们都能充当信标。

第 4 步：思考代码

在充分理解代码并列出信标后，请思考以下问题。

☐ 找到了哪些信标？

☐ 这些信标属于代码元素还是语言信息？

☐ 它们代表哪些知识？

☐ 它们是否代表代码领域的相关知识？

☐ 它们是否代表代码用途的相关知识？

第 5 步：充实代码（可选）

某些情况下可以完善或扩展所选的信标（但未必总能如愿），或者根据需要为代码添加更多信标。无论增加信标还是完善信标，都是充实代码的好机会。由于在做这项练习前你并不熟悉代码，因此可以站在客观的角度思考哪些要素有助于新程序员熟悉代码库。

---

① Martha E. Crosby, Jean Scholtz, Susan Wiedenbeck. The Roles Beacons Play in Comprehension for Novice and Expert Programmers, 2002.

第 6 步：对比他人（可选）

如果你的同事或朋友也希望提高使用信标的水平，那么大家可以一起做这项练习。分析两个人在默写代码时有哪些不同可能很有意思。我们知道，初级程序员与高级程序员的水平相差甚远，因此这项练习还能帮助你评估自己和他人的编程技巧。

2.3.3   代码分块练习

从前文介绍的几项研究可以看到，被试者的经验越丰富，能够记住的棋局、单词或代码就越多。虽然编程概念的增加是经验积累的结果，但程序员可以通过几种方式来刻意练习代码分块。

本书会频繁使用**刻意练习**（deliberate practice）一词，即通过各种小练习来提高某项技能。例如，做俯卧撑是锻炼手臂肌肉的刻意练习，音阶训练是提高音乐水平的刻意练习，进行单词拼写是培养阅读能力的刻意练习。受到多种因素的影响，刻意练习在程序设计中的"出镜率"并不高。许多人主要依靠大量写代码来学习编程，这种方法有一定用处，但未必特别有效。如果希望刻意练习代码分块，那么积极尝试记忆代码是一种很好的手段。

📖 **练习 2-6**

这项练习旨在测试代码阅读记忆水平，以帮助你评估自己对哪些概念比较熟悉，对哪些概念还很生疏。测试的出发点是大脑更容易记住熟悉的概念，这一点已被前文介绍的各项实验所证明。大脑能够记住已经知道的信息，因此可以利用这些练习来（自我）评估掌握的编程知识。

第 1 步：选择代码

挑选一个比较熟悉的代码库，例如你经常打交道但并非主要使用的代码库，或是一段时间以前你自己构建的代码库。务必对编写代码所用的语言有一定了解，并且或多或少清楚代码的作用，但不需要非常熟悉。进行这项练习时，最好能保持与棋手类似的状态：他们了解棋盘和棋子，但不知道需要还原的棋局。

从代码库中挑选一个方法或函数，或选择一段半页纸左右、长度不超过 50 行的连续代码。

第 2 步：研究代码

用不超过两分钟的时间浏览所选的代码，并设置定时器以免超时。到时间后关闭代码文件或盖住代码。

第 3 步：默写代码

准备一张纸或在 IDE 中新建一个文件，然后尽量默写代码。

第 4 步：思考代码

在竭尽所能默写代码后，请对照原始代码并思考以下问题。

☐ 哪些代码可以轻而易举地默写出来？
☐ 有没有只能部分默写出来的代码？
☐ 有没有完全没能默写出来的代码？
☐ 没能默写出来的原因是什么？
☐ 没能默写出来的代码中是否包括不熟悉的编程概念？
☐ 没能默写出来的代码中是否包括不熟悉的领域概念？

第 5 步：对比他人（可选）

如果你的同事或朋友也希望提高使用信标的水平，那么你们可以一起做这项练习。分析两个人在默写代码时有哪些不同可能很有意思。我们知道，初级程序员与高级程序员的水平相差甚远，因此这项练习还能帮助你评估自己和他人的编程技巧。

2.4 小结

☐ 短时记忆能存储 2~6 个信息元素。
☐ 为弥补容量不足的短板，短时记忆和长时记忆会协作记忆信息。
☐ 大脑会设法把接收到的新信息分解为可识别的元素（称为组块）。
☐ 如果长时记忆没有存储足够的知识，那么大脑就不得不依靠字母和关键字等低层次的信息元素来阅读代码，从而很快耗尽短时记忆的容量。
☐ 如果长时记忆存储的相关信息足够多，那么大脑就能记住抽象的概念（例如 "Java 的 `for` 循环" 或 "Python 的选择排序"）而不是低层次的信息元素，从而减少短时记忆的占用。
☐ 阅读代码时获得的信息首先进入图像记忆，只有少部分信息随后进入短时记忆。
☐ 可以利用记忆代码来（自我）评估掌握的编程知识。大脑最容易记住已经知道的信息，因此在阅读代码时，能够记住的那些内容揭示出了程序员最熟悉的设计模式、编程结构或领域概念。
☐ 设计模式、注释、显式信标等特征更便于大脑加工代码。

## 第 3 章

快速学习编程语法 3

内容提要

☐ 讨论熟记大量语法知识的重要性

☐ 选择记忆编程语法的方法

☐ 梳理防止遗忘语法的手段

☐ 分析何时学习语法和编程概念可以获得最佳效果

☐ 探讨长时记忆存储语法和编程概念的方式

☐ 运用精细加工策略巩固并增强记忆编程概念的效果

本章主要讨论人们如何学习记忆事物，剖析为什么有些知识能记住，有些知识会遗忘。举例来说，程序员知道 System.out.print() 是用于输出的 Java 方法，但不一定记得住所有 Java 方法。相信程序员有时需要查找某些语法，例如为 DateTime 类添加指定天数时，应该使用 addDays()、addTimespan() 还是 plusDays() 呢？

程序员或许并不在乎能否记住语法，毕竟可以上网搜索相关信息。但是从第 2 章的讨论可知，已经知道的信息会影响大脑加工代码的效率，因此熟记编程语法、概念和数据结构可以在一定程度上加快代码加工速度。

本章将介绍 4 种重要的方法，以帮助程序员更快、更扎实地记忆编程概念。这些方法可以强化长时记忆存储的编程概念，从而提高代码阅读和代码分块的效率。如果你曾经为记忆 CSS Flexbox 布局的语法、Matplotlib 库中 boxplot() 方法的参数顺序或 JavaScript 匿名函数的语法而苦恼，那么本章也许能对你有所帮助。

3.1 语法记忆小贴士

从前两章的讨论可知，逐字逐句地记忆代码并不容易，记住编写代码时需要使用哪些语法也颇具挑战性。例如，你能否凭记忆写出解决以下 3 个问题的代码？

- ❑ 读取 hello.txt 文件并将所有内容写入命令行。
- ❑ 按照"日-月-年"的顺序格式化日期。
- ❑ 匹配以"s"或"season"开头的单词的正则表达式。

就算是专业程序员也未必能记住所有具体的语法，也需要花时间查找相关信息。本章将剖析难以记住正确语法的原因，并探讨如何提高语法记忆的效率。但是在进入正题之前，我们先来详细分析一下记忆语法的重要性。

在许多程序员看来，遇到陌生的语法时上网搜索即可，因此掌握语法知识不是那么重要。但"谷歌一下"或"百度一下"未必是上策，原因有两个。第 2 章解释过第一个原因：大脑已经知道的信息会在很大程度上影响阅读代码和理解代码的效率。程序员掌握的概念、数据结构或语法越多，对代码分块就越容易，记忆和加工代码的效率因而越高。

受到干扰会严重影响工作

第二个原因是，思路被打断所造成的影响或许远超想象。只要打开浏览器搜索信息，程序员就可能"开小差"，把注意力转向与当前工作无关的事情（例如查看邮件或阅读新闻）。搜索相关信息时，程序员还可能因为沉迷于阅读编程网站和论坛的详细讨论而忘记时间。

针对打断正在工作的程序员会造成哪些影响，美国北卡罗来纳州立大学副教授 Chris Parnin 进行了深入研究。[1]他把 85 位程序员的 10 000 次编程会话记录在案，以观察程序员被邮件和同事打断的频率（非常高），并分析由此带来的后果。不出所料，思路被打断会严重影响程序员的效率。Parnin 发现，受到干扰的程序员往往需要大约一刻钟才能重新开始编写代码。如果在程序员修改某个方法时打断他们，那么只有 1/10 的程序员能够在 1 分钟内找回工作状态。

研究结果表明，一旦程序员将注意力从正在编写的代码转向其他事情，就很容易忘记代码的重要信息。从搜索引擎切换回 IDE 时，他们可能要想一想"刚才写到哪里了？"此外，程序员往往要花大力气来重建上下文，例如浏览代码库的几个位置来回忆细节，然后才能继续编写代码。

在介绍完记住语法的重要性之后，接下来将深入讨论快速学习语法的方法。

---

[1] Chris Parnin, Spencer Rugaber. Resumption Strategies for Interrupted Programming Tasks, 2009.

3.2 如何利用抽认卡快速学习语法

无论学习语法还是其他知识，**抽认卡**都是加快学习速度的有效手段。制作抽认卡时既可以使用纸质卡片，也可以使用便利贴。卡片一面写有文字提示（需要学习的内容），另一面写有相应的知识。

利用抽认卡学习编程知识时，请在卡片的一面写上概念，另一面写上相应的代码。以学习 Python 的列表推导式（list comprehension）为例，不妨制作一套像下面这样的抽认卡。

第一张抽认卡   正面：基本的推导式；反面：`numbers = [x for x in numbers]`。

第二张抽认卡   正面：指定筛选条件的推导式；反面：`odd_numbers = [x for x in numbers if x % 2 == 1]`。

第三张抽认卡   正面：执行某种计算的推导式；反面：`[x * x for x in numbers]`。

第四张抽认卡   正面：指定筛选条件并执行某种计算的推导式；反面：`squares = [x * x for x in numbers if x > 25]`。

使用抽认卡时，首先阅读卡片一面的文字提示，尽可能回忆相应的语法并写在另一张纸上（通过 IDE 敲出来也可以），然后对照卡片另一面的代码，看看自己的回答是否正确。

抽认卡通常用于学习第二门语言且效果极佳。但借助抽认卡学习法语未必明智，因为法语单词的数量非常多。不过，即使是 C++ 这类大型编程语言的规模也远远小于任何自然语言，所以利用抽认卡学习一门编程语言的大部分基本语法元素相对来说不难做到。

📖 **练习 3-1**

整理出你总是记不住的 10 个编程概念。

为每个概念制作一张抽认卡，试着利用这些抽认卡帮助记忆。不妨邀请同事或朋友一起使用抽认卡进行学习，你可能会发现其他人也在为记不住某些概念而苦恼。

3.2.1 使用抽认卡

学习语法的诀窍在于使用抽认卡勤加练习。Cerego、Anki、Quizlet 等不少应用程序也支持创建自定义数字抽认卡。这些应用程序可以提醒用户何时再次练习，是学习语法的有力工具。如果程序员经常使用纸质抽认卡或数字抽认卡进行练习，那么语法词汇量在几周后就会出现明显增长，从而既能节省大量搜索时间，也能集中注意力，同时还能提高代码分块水平。

3.2.2　扩充抽认卡

扩充抽认卡的机会有很多，试举两例。首先，在学习新的编程语言、框架或库时，不妨为每次遇到的新概念制作一张抽认卡。以学习列表推导式的语法为例，建议立即制作相应的卡片以强化记忆。

如果需要上网搜索某个概念，则表明你对这个概念尚未烂熟于心，这显然是应该扩充抽认卡的另一个信号。请把决定搜索的概念写在卡片的一面，把找到的代码写在另一面。

当然，是否扩充抽认卡也要经过斟酌。现代编程语言、库以及 API 浩如烟海，记住所有语法既无必要也无可能。对于不太常用的语法元素或概念，上网搜索完全没有问题。

3.2.3　精简抽认卡

如果程序员经常使用抽认卡，那么一段时间后可能已经把某些卡片倒背如流，这时候也许应该考虑抽认卡的"瘦身"问题了。如图 3-1 所示，不妨统计一下回答正确和回答错误的次数并记在卡片上，以评估自己对某个概念的熟悉程度。

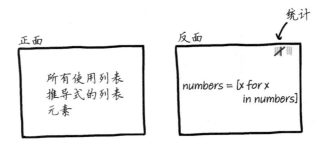

图 3-1　一张记录正确答案和错误答案次数的抽认卡，你可以借此了解哪些知识已经烂熟于心（进入长时记忆）

如果连续多次答对某个概念，那么可以把相应的抽认卡抽出来。当然，如果后来发现仍然不太熟悉这个概念，则随时可以把卡片放回去。对于利用应用程序创建的抽认卡，应用程序通常会隐藏用户已经很熟悉的卡片，从而达到精简的目的。

3.3   如何避免遗忘

3.2 节介绍了如何利用抽认卡增强语法学习和记忆的效果。那么，记住某个概念应该练习多久？完全精通 Java 17 需要多长时间？接下来，我们把注意力转向多久复习一次知识才能做到游刃有余。

在讨论如何**避免**遗忘之前，有必要剖析一下遗忘的形式和原因。从前两章的讨论可知，短时记忆的容量有限，一次无法存储太多信息，而且信息的留存时间很短。长时记忆同样存在局限性，但是与短时记忆的局限性有所不同。

长时记忆有个很大的问题，那就是只有经过反复练习才能实现信息的长期留存。读到、听到或看到的信息会从短时记忆进入长时记忆，但并不意味着长时记忆可以永久保存这些信息。从这个意义上讲，大脑的长时记忆与计算机硬盘有很大不同，因为硬盘能够较为安全和持久地存储信息。

长时记忆的衰退期不像短时记忆那样以秒为单位，但仍然比我们想象的短得多。长时记忆的遗忘曲线如图 3-2 所示。从图中可以看到，大脑在 1 小时后通常已经忘记一半信息，两天后能够记住的信息只剩 25%。不过请注意，这是完全没有复习信息时的记忆留存情况。

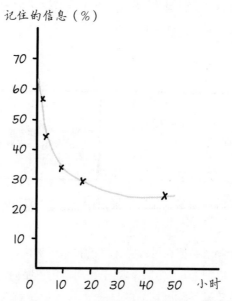

图 3-2   信息进入长时记忆后的留存时间。两天后，只有 25% 的知识还留在长时记忆中

3.3.1　遗忘的原因何在

如果希望了解某些记忆会迅速遗忘的原因，就需要全面认识长时记忆的机制。下面从记忆的方式入手讨论。

大脑不会把记忆转换为二进制形式进行保存，但仍然可以用**编码**一词来描述记忆的存储方式，这与描述计算机存储信息的术语相同。然而，认知科学家讨论的编码与思想转换为存储的过程无关（学界对这一过程的具体机制仍然知之甚少），而是指神经元形成记忆时大脑发生的变化。

1. 分层结构和网络结构

之前的讨论曾经把长时记忆比作硬盘，但是如图 3-3 所示，大脑中的记忆不是按分层结构（类似于采用"文件夹—子文件夹"形式的分层文件系统）而是按网络结构来组织的。之所以采用网络结构，是因为事实之间的联系非常紧密。要找到记不住信息的原因，就要了解不同事实与记忆之间的联系，接下来会讨论这个问题。

图 3-3　两种信息组织形式：分层文件系统（左）；按网络结构来组织的记忆（右）

2. 遗忘曲线

19 世纪 70 年代，德国哲学家和心理学家赫尔曼·艾宾浩斯开始对研究人类思维能力产生兴趣。当时，许多人还没有听说过测量心智能力的概念。

艾宾浩斯决定以自己为测试对象来研究人类记忆的极限，他希望尽可能激发自身的潜力。艾宾浩斯发现，大脑在存储记忆的同时也会存储联想或记忆之间的关系，因此试图记住已知的单词或概念并不能真正达到测试的目的。如果程序员需要记忆列表推导式的语法，那么了解 for 循环的语法可能有所帮助。

为找到一种更公平的评估手段，艾宾浩斯创造了"wix""maf""kel""jos"等大量简短的无意义音节（nonsense syllable），然后以自己为测试对象开展了一系列广泛的实验。多年来，他借助节拍器大声朗读这些无意义音节，并记下需要练习多长时间才能完全记住所有选定的无意义音节。

十年后的 1880 年，艾宾浩斯估计自己的练习时间已接近 1000 小时，每分钟可以背出 150 个无意义音节。他在不同时段测试自己的记忆情况，据此估算出记忆的时间跨度。艾宾浩斯在《记忆的奥秘》一书中总结了自己的研究成果，并提出如图 3-4 所示的记忆公式，遗忘曲线的概念就建立在这个公式的基础之上。

$$b = 100 \times \frac{1.84}{(\log_{10}t)^{1.25} + 1.84}$$

图 3-4   艾宾浩斯提出的记忆公式可用于估算记忆的留存时间

荷兰阿姆斯特丹大学教授 Jaap Murre 在 2015 年进行的一项研究证实，艾宾浩斯提出的记忆公式基本正确。[1]

3.3.2　间隔重复

前文讨论了人们的遗忘速度有多快，但是了解这些知识对于记住 boxplot() 方法的语法或 Python 的列表推导式有什么帮助呢？事实证明，艾宾浩斯在记忆无意义音节方面所做的实验不仅使他能够预测记忆的留存时间，而且有助于研究避免遗忘的手段。艾宾浩斯发现，自己可以在第一天复习 68 次、第二天复习 7 次（总共复习 75 次）的情况下熟练记住一组 12 个无意义音节，或是在 3 天学习 38 次（相当于 75 次的一半）的情况下记住这些无意义音节。

从幼儿如何掌握加法这类简单的数学运算到高中生如何学习生物知识，科学家对遗忘曲线进行了广泛研究。美国俄亥俄卫斯理大学教授 Harry P. Bahrick 开展的一项研究进一步揭示出最理想的复习间隔。Bahrick 像艾宾浩斯一样以自己为测试对象，同为科学家的妻子和两个女儿对这个领域也有兴趣，因此也作为被试者参与了实验。[2]

Bahrick 一家定下学习 300 个外语单词的目标：妻子和女儿学习法语单词，Bahrick 则学习德语单词。他们把所有单词按 50 个一组分为 6 组，复习每组单词的间隔时间不同。各组单词每隔 2 周、4 周、8 周学习 13 次或 26 次，并在 1 年、2 年、3 年、5 年后测试留存率。

研究开始一年后，Bahrick 及妻子和女儿发现，对于学习次数最多、间隔时间最长的那组单

---

① Jaap Murre. Replication and Analysis of Ebbinghaus' Forgetting Curve, 2015.

② Harry P. Bahrick et al. Maintenance of Foreign Language Vocabulary and the Spacing Effect, 1993.

词（每隔 8 周学习 26 次），他们记得最清楚，可以回想起 76%的内容；而对于每隔 2 周学习 26 次的那组单词，他们只能回想起 56%的内容。Bahrick 一家的记忆力在之后几年里有所减退，但是他们对间隔时间最长学习的那组单词始终印象深刻。

　　总而言之，学习的时间跨度越长，记忆的留存率越高。这并不代表需要增加学习时间，而是应该延长学习周期。长期来看，一个月复习一次抽认卡足以巩固记忆，这也是相对可行的一种策略。当然，这种记忆方法与学校和速成班采用的方法截然不同：学校努力使学生在一个学期内记住所有知识，速成班则试图让学员在 3 个月内快速入门。只有之后不断重复，才不会忘记通过这种记忆方法掌握的知识。

提示　经常练习是避免遗忘的不二法门，这是本节讨论的核心要义。每次重复都能强化记忆，经过长时间的多次重复，知识就会永远留在长时记忆中。我们之所以会忘记大学里学过的很多知识，正是因为缺少复习。除非温习已经掌握的知识或强迫自己主动思考这些知识，否则记忆难以持久。

3.4　如何牢记编程语法

　　如前所述，练习记忆语法不仅对代码分块有帮助，而且可以节省大量查找时间，因此具有重要意义。我们还分析了多久练习一次为宜：不必在一天内记住所有抽认卡，而是应该延长学习的时间跨度。本节将讨论如何进行练习。我们会介绍两种巩固记忆的方法：一是提取练习（retrieval practice），也就是主动回忆某些信息；二是精细加工（elaboration），也就是主动将新知识与现有记忆联系起来。

　　前文的讨论中并没有要求你直接阅读抽认卡的两面，而是阅读写有文字提示（帮助记忆语法）的那一面，因为研究表明主动回忆有助于巩固记忆。即使不记得完整的答案，经常回忆也更方便大脑检索记忆。接下来，我们将详细讨论提取练习和精细加工，并介绍如何在编程学习中运用这两种方法。

3.4.1　记忆信息的两种机制

　　在剖析如何巩固记忆之前，首先需要深入了解这个问题的实质。人们可能认为记忆要么存储在大脑中，要么没有存储在大脑中，但实际情况并不是那么简单。美国加州大学洛杉矶分校心理学家 Robert Allen Bjork 和 Elizabeth Reagan Bjork 把大脑从长时记忆中提取信息的过程划分为两种机制：存储强度（storage strength）和提取强度（retrieval strength）。

1. 存储强度

存储强度表示信息在长时记忆中的存储情况。某种知识学得越多，记得就越牢，直到留下不可磨灭的印象。例如，我们永远不会忘记 4 乘 3 等于 12。然而，大脑存储的信息并不是都像乘法表那样容易检索。

2. 提取强度

提取强度表示记忆信息的难易程度。相信你一定有过这样的经历：知道自己肯定记得某些信息（例如姓名、歌曲、电话号码或 JavaScript 中 `filter()` 函数的语法），但就是想不起来，或是话到嘴边却说不出来。这些信息的存储强度很高（一旦记住就永远不会遗忘），提取强度却很低。

学界普遍认为，存储强度只增不减（近年来的研究表明，记忆“永不褪色”[①]），提取强度则会随着岁月的流逝而降低。反复学习某种知识可以提高存储强度，而设法记住某种已经掌握的知识可以在无须额外学习的情况下提高提取强度。

3.4.2   “眼见”还不够

如果程序员感觉需要查找某种语法的用法，那么往往表明提取强度而不是存储强度存在不足。请观察代码清单 3-1 列出的 6 段 C++ 代码，看看能否找到实现反向遍历列表的正确代码。

代码清单 3-1   实现反向遍历列表的 6 段 C++ 代码

```
1. rit = s.rbegin(); rit != s.rend(); rit++
2. rit = s.revbegin(); rit != s.end(); rit++
3. rit = s.beginr(); rit != s.endr(); rit++
4. rit = s.beginr(); rit != s.end(); rit++
5. rit = s.rbegin(); rit != s.end(); rit++
6. rit = s.revbeginr(); rit != s.revend(); rit++
```

6 段代码看起来非常相似，即使已经多次接触过这些代码，有经验的 C++ 程序员也不一定能记住正确的语法。当把答案告诉他们后，他们会恍然大悟，觉得自己从来没有忘记正确的语法：“不用说也知道是 `rit = s.rbegin(); rit != s.rend(); rit++`！”

[①] Jeffrey D. Johnson, Susan G. R. McDuff, Michael D. Rugg, Kenneth A. Norman. Recollection, Familiarity, and Cortical Reinstatement: A Multivoxel Pattern Analysis. Neuron, vol. 63, no. 5, 2009.

　　因此，问题不在于知识在长时记忆中的存储情况（存储强度），而在于查找这些知识的难易程度（提取强度）。上述示例表明，即使曾经多次读过代码，但如果只是一扫而过，也未必能留下深刻印象。信息存储在长时记忆的某个区域，需要时却无法做到"即插即用"。

3.4.3　主动回忆能够巩固记忆

　　从代码清单 3-1 可以看到，信息进入长时记忆只是一方面，便于提取也很重要。与生活中的许多事情一样，经常练习能使信息提取变得更容易。如果程序员从来没有下功夫去记忆语法，则很难在需要时想起它们。我们知道，主动回忆能够巩固记忆，这种方法可以追溯到古希腊哲学家亚里士多德所在的时代。

　　英国教育家 Philip Boswood Ballard 是最早研究提取练习的学者之一，他在 1913 年发表的论文 "Obliviscence and Reminiscence"（遗忘倾向与记忆恢复）中讨论了这个话题。Ballard 要求一组学生花几分钟的时间背诵叙事诗 *The Wreck of the Hesperus* 中的 16 行诗句，这首诗讲述了一位船长由于自负而导致其女儿死亡的故事。在分析学生们的背诵情况时，Ballard 观察到一些有趣的现象。在第一次测试中，大多数学生只能记住部分诗句。两天后，Ballard 突然要求学生们再次背诵这首诗。由于不知道还要接受测试，因此学生们并没有复习。与第一次测试相比，他们平均多背出 10% 的诗句。又过了两天，Ballard 在没有打招呼的情况下第三次要求学生们背诵诗的内容，发现他们的成绩比第二次测试又有提高。测试结果令 Ballard 感到困惑（因为与遗忘曲线相悖），他后来多次重复此类研究，每次都能得到相似的结果：在没有额外学习的情况下，主动回忆学过的知识反而可以记住更多内容。

　　熟悉遗忘曲线和提取练习的影响后，你应该更清楚为什么每次遇到陌生的编程语法就打开搜索引擎不是个好习惯：正因为搜索轻而易举、司空见惯，大脑认为其实不需要记住语法，导致语法的提取强度总是在低位徘徊。

　　记不住语法无疑会使程序员陷入恶性循环：因为记不住语法，所以需要进行搜索；但因为总是依靠搜索引擎而不是设法记住语法，所以编程概念的提取强度始终无法提高，致使不得不一而再再而三地进行搜索。

　　因此，今后在打开搜索引擎之前，建议程序员尽自己所能去记忆语法。即使这次记不住，尝试记忆的行为也可以巩固记忆，并为下次记忆奠定基础。如果还是记不住，就制作一张抽认卡并主动练习。

3.4.4　主动思考也能巩固记忆

从 3.4.3 节的讨论可知，提取练习可以增加信息的留存时间，而且练习的时间跨度越大，记忆信息的效果越好。此外，主动思考并回想信息同样能够巩固记忆。运用**精细加工**策略来思考刚刚掌握的信息对于学习复杂的编程概念特别有效。

下面我们首先剖析大脑的存储机制，然后深入探讨精细加工以及如何运用这种策略提高学习新概念的效率。

1. 图式

如前所述，大脑中的记忆按网络结构进行组织，与其他记忆和事实相互关联。**图式**（schema）描述了思维以及思维之间的关系在大脑中的组织方式。

大脑首先设法把接收到的新信息构建为图式，然后存储到长时记忆中。信息越符合现有的图式，大脑越容易记住它们。试举一例。请记住 5、12、91、54、102 和 87 这 6 个数字，然后从中挑选 3 个数字作为抽奖号码。由于数字之间缺少联系，因此想记住它们不太容易。大脑会把选出的数字构建为一个新的图式，例如 "为赢取一份精美的奖品而记住的信息"。

然而，如果需要记住的数字是 1、3、15、127、63 和 31，那么难度也许会小得多。稍加思考便会发现，6 个数字的共同点是相应的二进制形式只包含 1。[①]因为有规律可循，所以大脑不仅更容易记住这些数字，而且可能更有动力去记忆。由此可见，假如能找到规律，那么就可以为解决某些问题提供线索。

请注意，工作记忆在加工信息时也会从长时记忆中检索相关的事实和记忆。如果记忆之间存在联系，那么检索起来就容易得多。换句话说，与其他记忆相关的记忆，其提取强度会更高。

在存储记忆时，大脑甚至可以改变记忆使之适应现有的图式。英国心理学家 Frederic Bartlett 在 20 世纪 30 年代曾经做过一项实验，他要求被试者阅读印第安民间短篇故事 *The War of the Ghosts*，并在几周甚至几个月后复述故事情节。[②]Bartlett 发现，被试者在复述过程中会修改故事情节，使其与自己已有的信仰和知识保持一致。举例来说，有些被试者会略去他们认为不相关的细节，有些被试者则把故事讲得更加 "西方化" 以符合自身的文化习俗（例如用 "枪" 代替故事中出现的 "弓"）。这项实验表明，大脑不是单纯去记忆单词和事实，而是根据已有的记忆和信仰调整需要记忆的内容。

---

① 也可以这样记忆：6 个数字均可表示为 $2^n - 1$（n 为 1、2、4、5、6 或 7）。——译者注
② 参见 Bartlett 的著作《记忆：一个实验的与社会的心理学研究》。

记忆一经存储就能被改变，这一点或许会带来弊端。即使经历过同一件事，两个当事人的回忆也可能截然不同，因为他们各自的想法和观念会影响大脑存储记忆的方式。然而，大脑同样可以通过存储相关的已知信息和新增信息来改变或保存记忆，使其化为己用。

2. 运用精细加工策略学习新的编程概念

如前所述，提取强度（回忆信息的难易程度）不足会导致遗忘。Bartlett 的实验表明，即使一段记忆第一次进入长时记忆，大脑也可能会改变或遗忘某些细节。

如果我告诉你"约翰·亚当斯是第五任美国总统"，那么在大脑存储这一信息前，你或许记得约翰·亚当斯是美国前总统，但未必记得他是第二任总统。不记得"第二任"可能有许多原因：要么认为这一信息无足轻重或过于复杂，要么注意力不够集中。大脑的记忆容量受到情绪状态等多种因素的影响。例如，比起今天花几分钟修复的随机错误，程序员更有可能记住自己在一年前熬夜解决的那个错误。

尽管人的情绪状态很难改变，但可以通过多种途径来最大限度保存新的记忆。**精细加工**可用于强化记忆的初始编码：主动思考希望记住的内容，并把这些内容与已有的记忆联系起来，同时引导新的记忆融入长时记忆已经存储的图式。

在 Ballard 所做的实验中，随着时间的推移，学生们反而能够记住更多诗句。之所以会出现这种情况，精细加工可能是原因之一。反复回忆诗的内容迫使学生们去记忆之前没有记住的单词，每次背诵都是巩固记忆的过程。他们还可能把诗的部分内容与记忆中的其他事物联系起来。

如果希望加深对新信息的印象，则不妨有意识地运用精细加工策略。这种策略能够强化相关记忆的网络，当新记忆产生更多联系时更便于提取出新记忆。我们以学习新的编程概念为例进行讨论。假设程序员正在学习 Python 的列表推导式，这是一种根据现有列表创建列表的方法。例如，可以通过以下列表推导式创建一个已经存储在 numbers 列表中的平方数列表。

```
squares = [x * x for x in numbers]
```

如果程序员从未接触过列表推导式，那么有意识地运用精细加工策略（主动思考相关概念）对于强化记忆大有裨益，例如思考其他编程语言是否存在与列表推导式相关的概念、能否采用 Python 或其他语言中的概念替代这个概念、这个概念与其他范式有哪些联系等。

📖 **练习 3-2**

今后学习新的编程概念时，请将这项练习作为参考。思考以下问题有助于大脑对记忆进行精细加工并巩固新掌握的知识。

❑ 从新概念可以联想到哪些概念？列出所有相关概念。

❑ 针对联想到的每个相关概念回答以下问题。

■ 为什么新概念使自己联想到这个已知的概念？

■ 两个概念的语法是否相同？

■ 两个概念的上下文是否相似？

■ 新概念能否替代这个已知的概念？

❑ 为达到同样的目的，是否还有编写代码的其他方法？尽可能写出相关代码片段的其他形式。

❑ 其他编程语言是否也有这个概念？能否列出支持类似操作的其他概念？它们与新概念有哪些不同？

❑ 新概念是否符合某个范式、领域、库或框架？

3.5 小结

❑ 掌握的语法知识越多，代码分块越容易，因此务必熟记大量语法。此外，查找语法的用法会打断思路，从而影响工作效率。

❑ 可以利用抽认卡学习并记忆新的编程语法，卡片的一面写上文字提示，另一面写上代码。

❑ 经常复习新信息对于延缓记忆衰退有很大帮助。

❑ 效果最好的练习方法是提取练习，也就是在"谷歌一下"或"百度一下"之前设法记住信息。

❑ 延长练习的时间跨度可以最大限度增强记忆效果。

❑ 长时记忆中的信息存储为相关事实的连通网络。

❑ 主动对新信息进行精细加工有助于强化连接新信息的记忆网络，从而提高提取强度。

## 第 4 章

阅读复杂的代码

内容提要

❑ 分析当复杂的代码导致工作记忆过载时会造成哪些后果

❑ 比较程序设计中两种类型的工作记忆过载

❑ 通过重构来提高代码可读性，以消除工作记忆过载带来的影响

❑ 阅读复杂的代码时，创建依赖图和状态表有助于减轻工作记忆的认知负荷

第 1 章介绍了代码令人困惑的不同原因。程序员之所以会感到困惑，既可能是因为缺乏信息（存储于短时记忆），也可能是因为缺乏知识（存储于长时记忆）。本章将讨论困惑的第三种根源：大脑缺乏加工能力。

代码有时太过复杂，以致很难完全理解。大多数程序员并不注重培养自己的代码阅读能力，因此在遇到没有读懂的代码时可能会一筹莫展，"再读一遍"或"跳过代码"这些常见的方法都派不上用场。

第 2 章和第 3 章讨论了如何更好地阅读代码。第 2 章介绍的方法有助于提高代码分块的效率，第 3 章介绍的方法则有助于长时记忆存储更多语法知识，从而提高代码阅读水平。但是某些代码过于复杂，就算程序员掌握丰富的语法知识和有效的分块策略，也会感到无从下手。

本章将深入剖析通常称为**工作记忆**的认知过程，这种记忆是大脑加工能力的基础。我们将给出工作记忆的定义，并讨论困扰程序员的代码为什么会导致工作记忆不堪重负。除了基础知识，本章还将介绍 3 种减轻工作记忆负荷的方法，以帮助程序员更从容地处理复杂的代码。

4.1 为什么复杂的代码难以理解

第 1 章曾经讨论过一段执行过程相当复杂的 BASIC 代码，仅仅阅读代码未必能完全明白它

的作用。如图 4-1 所示，程序员可能会把执行过程涉及的中间值写在代码行旁边作为参考。

```
1   LET N2 =  ABS (INT (N))            →  7
2   LET B$ = ""
3   FOR N1 = N2 TO 0 STEP 0
4       LET N2 =  INT (N1 / 2)         →  3
5       LET B$ =  STR$ (N1 - N2 * 2) + B$   →  "|"
6       LET N1 = N2
7   NEXT N1
8   PRINT B$
9   RETURN
```

图 4-1   把数字 N 转换为二级制表示的 BASIC 代码。这段代码之所以令人困惑，是因
        为大脑无法记住执行过程的所有步骤。为厘清每一步的脉络，可以把变量的中
        间值写在代码行旁边作为参考

如果程序员感觉需要依靠中间值来理解代码，则表明大脑缺乏加工能力。第 1 章还讨论过一段把整数 n 转换为二进制表示的 Java 代码（参见代码清单 4-1）。与 BASIC 代码相比，虽然读懂 Java 代码也要动点儿脑筋，而且不熟悉 toBinaryString() 方法的用途可能会在一定程度上妨碍理解，但是相信绝大多数程序员不需要在阅读这段代码时做笔记。

代码清单 4-1 　把数字 n 转换为二进制表示的 Java 代码

```
public class BinaryCalculator {
    public static void main(String[] args) {
        int n = 2;
        System.out.println(Integer.toBinaryString(n));
    }
}
```

不了解 toBinaryString() 方法的用途会困扰程序员。前几章详细讨论了短时记忆和长时记忆，阅读复杂的代码时会涉及这两种认知过程。如果希望了解为什么有时需要进行信息分流，就要理解第 1 章提到但未详细讨论的第三种认知过程——**工作记忆**，它代表大脑进行思维活动、孕育新想法以及解决问题的能力。如果把短时记忆比作计算机内存，长时记忆比作计算机硬盘，那么工作记忆就相当于计算机处理器。

4.1.1   工作记忆与短时记忆的区别

有学者认为"工作记忆"和"短时记忆"是同义词，也有学者认为二者并不一样。确实存在两个概念互换使用的情况，但本书会加以区分。短时记忆的作用是**记忆**信息，工作记忆的作用则是**加工**信息，我认为这是两种相互独立的认知过程。

定义　本书将**工作记忆**定义为"应用于某个问题的短时记忆"。

两种认知过程的区别如图 4-2 所示：短时记忆负责记忆电话号码，而工作记忆负责执行数学运算。

图 4-2　短时记忆用于暂时存储信息（例如图左的电话号码），工作记忆则用于加工信息（例如图右的数学运算）

从第 2 章的讨论可知，短时记忆一次通常只能存储 2~6 个信息元素。把信息划分为单词、国际象棋开局、设计模式等可识别的组块有助于提高信息加工能力。工作记忆是应用于某个问题的短时记忆，因此也存在同样的局限性。

与短时记忆一样，工作记忆一次只能加工 2~6 个信息元素，这种能力称为**认知负荷**（cognitive load）。当大脑尝试解决某个涉及太多信息元素且无法有效分块的问题时，工作记忆就会出现"过载"情况。

4.1.2　与程序设计相关的 3 种认知负荷

本章将介绍几种减轻认知负荷的系统性方法，不过在进入正题之前，我们先来讨论一下现有的各类认知负荷。认知负荷理论由澳大利亚心理学家 John Sweller 首先提出，他把认知负荷分为内部认知负荷（intrinsic cognitive load）、外部认知负荷（extraneous cognitive load）和关联认知负荷（germane cognitive load）。表 4-1 简要总结了 3 种认知负荷。

表 4-1　3 种认知负荷

负荷类型	简要描述
内部认知负荷	源于问题本身的复杂性
外部认知负荷	外部因素对问题的影响
关联认知负荷	思维形成长时记忆时所产生的认知负荷

本章讨论内部认知负荷和外部认知负荷，第 10 章将详细讨论关联认知负荷。

1. 内部认知负荷对代码阅读的影响

内部认知负荷是由问题本身引起的认知负荷。图 4-3 以计算直角三角形的斜边长度为例讨论了这种认知负荷。

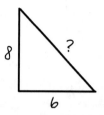

图 4-3　几何问题：给定直角三角形两条边的长度 8 和 6，计算第三条边的长度。每个人的先验知识不同，因此求解这个问题既可能很容易，也可能很困难。但是在不改变问题本身的情况下，其难易程度不会发生变化

计算直角三角形的斜边长度涉及几何问题固有的一些特征，例如需要用到勾股定理（$a^2 + b^2 = c^2$）：首先计算 8 和 6 的平方，然后计算二者之和的平方根。由于不存在其他计算方法，也无法简化计算步骤，因此内部认知负荷是问题**本身**引起的负荷。程序设计中经常用**固有复杂性**一词来描述问题的内在因素，而在认知科学中，这些因素会产生内部认知负荷。

2. 外部认知负荷对代码阅读的影响

除了问题本身引起的内部认知负荷，外部因素引起的认知负荷往往会在无意中**增加**问题的复杂性。下面仍然以计算直角三角形的斜边长度为例，但是调整一下问题的表述方式：给定两条边 *a* 和 *b* 的长度 8 和 6，计算第三条边的长度（参见图 4-4）。由于大脑需要思考两条边及其长度之间的联系，因此会导致**外部认知负荷**增加。

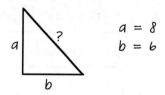

图 4-4　同样是计算直角三角形的斜边长度，采用不同的问题表述方式会增加外部认知负荷

问题求解的难度并没有增加，计算时同样要用到勾股定理。但受到外部因素的影响，大脑确实需要进行更多思考：将 *a* 与 8 联系起来，*b* 与 6 联系起来。这种外部认知负荷类似于程序设计中的**偶发复杂性**，即待解决的问题因为程序的某些因素而变得更加复杂。

外部认知负荷的根源因人而异。程序员越熟悉某个概念，这个概念产生的认知负荷就越少。例如，代码清单 4-2 所示的两段 Python 代码具有计算等价性。

代码清单 4-2 两段 Python 代码的作用都是筛选出所有大于 10 的元素

```python
above_ten = [a for a in items if a > 10]

above_ten = []
for a in items:
    if a > 10: new_items.append(a)
```

因为两段代码的作用相同，所以产生的内部认知负荷也相同，但外部认知负荷是否相同与程序员的先验知识有关：比起熟悉列表推导式的程序员，不熟悉列表推导式的程序员在阅读第一段代码时更容易受到外部认知负荷的影响。

📖 **练习 4-1**

今后阅读不熟悉的代码时，设法评估一下自己的认知负荷。如果阅读代码时感觉需要做笔记或一步一步跟踪执行过程，那么很可能表明大脑承受的认知负荷较高。

当认知负荷较高时，最好分析一下哪些代码会产生内部认知负荷，哪些代码会产生外部认知负荷，并把结果填入表 4-2 中。

表 4-2 认知负荷评估

代 码 行	内部认知负荷	外部认知负荷

4.2 减轻认知负荷的方法

前文介绍了代码产生的两种认知负荷，接下来我们将把注意力转向如何减轻工作记忆的认知负荷。下文将讨论 3 种方法，以帮助程序员从容应对复杂的代码。第一种方法称为重构（refactoring），程序员可能已经在其他场合接触过这种方法。

4.2.1　重构

重构通过调整代码来改进其内部结构，但不改变代码的外部行为。如果某段代码特别长，那么程序员可能希望把逻辑拆分为多个函数；如果代码库出现重复，那么程序员可能希望把所有重复的代码集中在一处以提高复用率。以代码清单 4-3 所示的两段 Python 代码为例，由于二者的作用相同，因此可以把重复的计算放进一个方法里。

代码清单 4-3　两段 Python 代码执行的是相同的计算

```
vat_1 = Vat(waterlevel = 10, radius = 1)
volume_vat_1 = math.pi * vat_1.radius **2 * vat_1. water_level
print(volume_vat_1)

vat_1 = Vat(waterlevel = 25, radius = 3)
volume_vat_2 = math.pi * vat_2. radius **2 * vat_2. water_level
print(volume_vat_2)
```

大多数情况下，重构后的代码更容易维护，这也是重构的目的。如果程序中不存在重复的代码，那么代码修改只需要在一处进行。

然而，整体更容易维护的代码未必更容易阅读。举例来说，一段包含多次方法调用的代码依赖于分散在一个文件甚至多个文件中许多不同位置的代码。由于所有逻辑都有各自的方法，因此这种代码结构可能更容易维护。但程序员不得不上下滚动 IDE 屏幕或在不同位置查找方法声明，所以这类**去本地化**代码也可能增加工作记忆的负担。

正因为如此，代码重构有时不是为了提高长期的可维护性，而是为了提高当前的可读性。我们把这种重构定义为**认知重构**（cognitive refactoring）。认知重构同样是对代码库进行调整而不改变其外部行为（类似于常规的重构），但目的不是使代码更容易维护，而是方便程序员在现阶段阅读和理解。

认知重构有时涉及**反向重构**（reverse refactoring），这种重构会降低可维护性。例如，**内联**结构获取函数实现并在调用位置直接展开函数体。某些 IDE 可以自动执行反向重构。如果方法名的含义不是很明确（例如 "calculate()" 或 "transform()"），那么内联代码尤其有用。在阅读方法名含义不明确的方法调用时，需要先花些时间了解相关方法的作用，而且可能需要多次浏览代码才能形成长时记忆。

方法内联能够减轻外部认知负荷，或许可以帮助程序员读懂调用方法的代码。此外，分析方法声明对于理解代码也有一定帮助，而且上下文越多，效果越好。在新的上下文中，程序员还可以考虑使用可读性更强的方法名。

某些情况下，程序员可能希望重新安排方法的顺序。举例来说，把方法声明移到第一次方法调用附近或许有助于提高代码可读性。诚然，现在很多 IDE 提供跳转至方法和函数声明的快捷方式，但使用这类功能也会占用一部分工作记忆，从而在一定程度上加重外部认知负荷。

程序员的先验知识各不相同，因此认知重构往往因人而异。认知重构大多属于临时性行为，目的只是帮助程序员理解代码，一旦形成长时记忆就可以回滚。

回滚过程在几年前可能不太容易实现，但版本控制系统如今普遍用于代码库，也已成为大多数 IDE 的标配，因此创建一个"代码理解"的本地分支并不难，程序员可以使用这个分支执行重构后的代码。如果事实证明某些重构具有更广泛的价值，那么合并分支也比较容易。

4.2.2 替换不熟悉的语言结构

阅读代码时，缺乏知识、信息或加工能力都可能令程序员"满脸问号"，接下来介绍的方法有助于消除这 3 种困惑。如果程序员在阅读代码时遇到不熟悉的编程概念，则表明大脑缺乏知识。下面从如何解决这个问题入手进行讨论。

某些情况下，可以用另一种更熟悉的语言结构来替换不熟悉的语言结构。例如，Java、C# 等许多现代编程语言支持通常称为 lambda 表达式的**匿名函数**，这是一种不需要命名的函数（故称"匿名"函数）。类似的例子还有 Python 的列表推导式。虽然 lambda 表达式和列表推导式是缩短代码长度、提高代码可读性的有效手段，但许多程序员对它们知之甚少，阅读这两种结构时很难做到像阅读 `for` 循环或 `while` 循环那样得心应手。

如果阅读或编写的代码简单明了，那么理解 lambda 表达式或列表推导式也许不成问题，但是在阅读复杂的代码时，这类高级语言结构就可能导致工作记忆出现过载情况。为避免增加工作记忆的外部认知负荷，阅读复杂的代码时最好用熟悉的结构替换不太熟悉的结构。

在选择希望替换哪些语言结构以减轻认知负荷时，考虑自己的先验知识固然重要，但程序员往往会根据两个因素来做出替换决定：一是这些结构经常造成困惑，二是可以用更基本的结构来替换它们。lambda 表达式和列表推导式同时满足这两个条件，所以本节会通过这两种结构来讨论替换方法。在进一步熟悉代码的作用之前，不妨把 lambda 表达式和列表推导式替换为 `for` 循环或 `while` 循环以减轻认知负荷。根据实际情况，也可以使用三元运算符进行替换。

1. lambda 表达式

在代码清单 4-4 所示的 Java 代码中，`filter()`方法传入匿名函数作为参数。如果程序员熟悉 lambda 表达式的用法，那么理解这段代码易如反掌。

代码清单 4-4　Java 代码：传入匿名函数作为 `filter()` 方法的参数

```
Optional<Product> product = productList.stream().
            filter(p -> p.getId() == id).
            findFirst();
```

但是对初次接触 lambda 表达式的程序员来说，上述代码会显著增加外部认知负荷。如果感觉阅读 lambda 表达式有困难，那么可以像代码清单 4-5 那样简单改写代码，暂时传入普通函数作为 `filter()` 方法的参数。

代码清单 4-5　Java 代码：传入普通函数作为 `filter()` 方法的参数

```
public static class Toetsie implements Predicate <Product> {
    private int id;

    Toetsie(int id){
        this.id = id;
    }

        boolean test(Product p){
                return p.getID() == this.id;
    }
}

Optional<Product> product = productList.stream().
        filter(new Toetsie(id)).
        findFirst();
```

2. 列表推导式

Python 支持**列表推导式**，这种语法结构以其他列表为基础来创建列表。以代码清单 4-6 为例，这段代码的作用是根据客户列表创建姓名列表。

代码清单 4-6　Python 代码：将一个列表转换为另一个列表的列表推导式

```
customer_names = [c.first_name for c in customers]
```

还可以指定筛选条件以实现更复杂的列表推导式，例如创建 50 岁以上客户的姓名列表，如代码清单 4-7 所示。

代码清单 4-7　Python 代码：指定筛选条件的列表推导式

```
customer_names =
    [c.first_name for c in customers if c.age > 50]
```

对熟悉列表推导式的程序员来说，阅读上述代码可能轻而易举；对不熟悉列表推导式的程序员来说，阅读上述代码则可能给工作记忆带来沉重的认知负荷。（就算程序员具备相关经验，阅读嵌入一段复杂代码中的列表推导式也会感到吃力。）倘若如此，不妨考虑将列表推导式转换为 for 循环以方便理解，如代码清单 4-8 所示。

代码清单 4-8　Python 代码：指定筛选条件时将一个列表转换为另一个列表的 for 循环

```python
customer_names = []

for c in customers:
    if c.age > 50:
        customer_names.append(c.first_name)
```

3. 三元运算符

许多编程语言支持**三元运算符**（ternary operator），它是 if 语句的简化形式。三元运算符的基本语法如下：如果条件为真，就执行第一个表达式；如果条件为假，则执行第二个表达式。代码清单 4-9 给出的 JavaScript 代码使用三元运算符判断布尔变量 isMember，为真就返回 "$2.00"，否则返回 "$10.00"。

代码清单 4-9　使用三元运算符的 JavaScript 代码

```javascript
isMember ? '$2.00' : '$10.00'
```

在某些编程语言（例如 Python）中，三元运算符的操作数顺序有所不同：如果条件为真，就执行第一个表达式，但第一个表达式位于条件之前；如果条件为假，则执行第二个表达式。与代码清单 4-9 给出的 JavaScript 代码类似，代码清单 4-10 给出的 Python 代码同样使用三元运算符判断布尔变量 is_member，为真就返回 "$2.00"，否则返回 "$10.00"。

代码清单 4-10　使用三元运算符的 Python 代码

```python
'$2.00' if is_member else '$10.00'
```

三元运算符的概念不难理解，专业程序员应该都熟悉这种条件运算符。然而，无论是所有操作在一行完成，还是操作数顺序与传统的 if 语句不同，三元运算符都可能显著增加外部认知负荷。

有些程序员也许对前文讨论的重构感到奇怪或不妥。在他们看来，使用 lambda 表达式或三元运算符缩短代码长度有助于提高可读性，所以在能够这样处理时都应该这样处理，而且认为将代码重构为更糟糕的状态不一定很明智。但正如本章和前几章讨论的那样，"可读性"实在是个"仁者见仁，智者见智"的问题。熟悉国际象棋开局的棋手很容易记住开局，熟悉三元运算符的程序员也很容易读懂包含三元运算符的代码。代码可读性如何取决于程序员的先验知识，将代码转换为自己更熟悉的形式来帮助理解并不丢人。

然而，根据代码库的实际情况，在确定自己理解代码的作用后，程序员可能希望恢复之前为提高可读性而对代码所做的修改。如果只有刚加入团队的程序员不熟悉列表推导式，则他们会希望保留这些列表推导式并回滚重构后的代码。

4.2.3　在抽认卡两面写上等价的代码可以显著增强学习效果

虽然为理解程序而暂时修改代码并不丢人，但也确实说明程序员没有完全读懂代码。第 3 章讨论过如何制作用来学习和记忆编程语法的抽认卡，卡片一面写有文字提示，另一面写有相应的代码。以一张学习 for 循环的 C++抽认卡为例，卡片一面写有"输出 0 和 10 之间的所有整数"，另一面写有代码清单 4-11 所示的 C++代码。

代码清单 4-11　C++代码：输出 0 和 10 之间的所有整数

```
for (int i = 0; i <= 10; i = i + 1) {
  cout << i << "\n";
}
```

如果程序员经常为学习列表推导式等编程概念而发愁，那么不妨考虑为它们制作一些抽认卡。对于这类高级的编程概念，建议在抽认卡两面都写上代码以增强学习效果：一面是没有使用高级概念（例如三元运算符或 lambda 表达式）的普通代码，另一面是使用高级概念的等价代码。

4.3　利用记忆辅助工具解决工作记忆过载的问题

从 4.2 节的讨论可知，将代码重构为更熟悉的形式可以减轻代码造成的认知负荷。但如果代码结构过于复杂，那么即使代码经过重构，工作记忆仍然可能出现过载情况。在阅读结构复杂的代码时，以下两个因素会导致工作记忆不堪重负。

首先，程序员可能不太清楚应该阅读哪部分代码。如果大脑接收的信息过多，则会超出工作记忆的加工能力。

其次，在阅读关联性很强的代码时，大脑会尝试双管齐下：一是理解每一行代码，二是理解代码结构以决定从哪里继续阅读。例如，当遇到一个不知道具体用途的方法调用时，程序员可能需要先查找并阅读相应的方法，再返回调用位置继续阅读代码。

如果程序员连续多次阅读同一段代码但仍然一头雾水，那么他们很可能不清楚哪些内容比较重要，或是应该按照什么顺序来阅读代码。程序员可能明白每一行代码的作用，但缺乏对整体结构的了解。当工作记忆达到饱和状态时，接下来介绍的方法有助于程序员把注意力集中在应该关注的那部分代码上。

4.3.1　绘制依赖图

绘制**依赖图**（dependency graph）不仅有助于理解代码流，而且有助于遵循逻辑流程来阅读代码。采用这种方法阅读代码时，最好把代码打印出来，或是将其转换为 PDF 文件以使用批注工具。按照以下步骤添加批注，以方便工作记忆加工代码信息。

第 1 步：圈出所有变量。

首先找到所有变量，并用笔或鼠标圈出来，如图 4-5 所示。

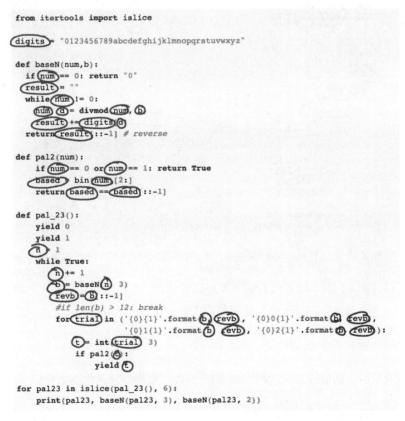

图 4-5　圈出代码中的所有变量以帮助理解

第 2 步：将相似的变量连起来。

　　找到所有变量后，把不同位置出现的同一变量用线连起来（参见图 4-6），借此了解代码中使用了哪些变量。根据代码的实际情况，也可以考虑把相似的变量连在一起（例如把作用都是访问列表元素的 customers[0] 和 customers[i] 连起来）。

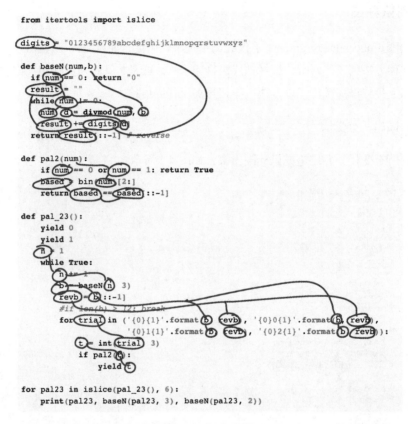

图 4-6　圈出代码中的所有变量，并把相同的变量连在一起以帮助理解

　　把所有变量连起来以后，就可以有条不紊地阅读代码，不必再反复浏览代码以查找变量出现的位置。这样一来便可减轻认知负荷，从而释放工作记忆，使大脑能够专心思考代码功能。

第 3 步：圈出所有方法/函数调用。

　　找到所有变量后，请继续查找代码中的方法/函数。用第二种颜色圈出它们。

第 4 步：将方法/函数及其声明连起来。

　　把每个函数/方法声明与其调用位置用线连起来。尤其要注意只有一次调用的方法，因为从本章之前的讨论可知，这些方法有可能通过重构实现内联。

第 5 步：圈出所有类的实例。

找到所有变量和方法/函数后，请继续查找类。用第三种颜色圈出所有类的实例。

第 6 步：将类及其实例连起来。

最后一步是确定类与实例的关系：如果代码中存在类的声明，就把该类的实例与声明连起来；如果不存在类的声明，则把该类的实例相互连起来。

按照以上 6 个步骤就能绘制出使用不同颜色标记的依赖图。这种依赖图便于程序员判断代码流，可以作为代码阅读的辅助工具。依赖图给出的代码结构信息能够减少程序员的工作量，因为他们不必在思考代码功能的同时再花时间查找方法/函数声明，从而可以避免工作记忆出现过载情况。不妨从程序的入口点（例如 main() 方法）开始阅读代码。每次遇到方法调用或类实例化时，可以沿着连线直接跳到合适的位置继续阅读，无须浪费时间查找或阅读多余的代码。

4.3.2　创建状态表

就算程序员根据先验知识将代码尽量重构为最简单的形式，并圈出所有依赖关系，也依然可能感觉无从下手。有时候，困惑的根源不在于代码结构，而在于代码执行的运算。这是大脑缺乏信息加工能力的标志。

我们仍然以第 1 章给出的 BASIC 代码为例进行讨论，这段代码的作用是把数字 N 转换为相应的二进制表示。由于变量之间的关联性很强，因此只有厘清各个变量的值才能读懂代码。除了依赖图，程序员也可以借助**状态表**（state table）来分析执行复杂计算或涉及大量计算的程序。

使用状态表的目的不是判断代码结构，而是判断变量值。代码中的每个变量在表中占据一列，每个步骤在表中占据一行。请再次阅读代码清单 4-12 所示的 BASIC 代码。这段代码之所以令人困惑，是因为大脑无法记住所有中间计算过程以及它们对不同变量的影响。

代码清单 4-12　把数字 N 转换为二进制表示的 BASIC 代码

```
1  LET N2 =  ABS (INT (N))
2  LET B$ = ""
3  FOR N1 = N2 TO 0 STEP 0
4     LET N2 =  INT (N1 / 2)
5     LET B$ =  STR$ (N1 - N2 * 2) + B$
6     LET N1 = N2
7  NEXT N1
8  PRINT B$
9  RETURN
```

在阅读这类涉及大量复杂计算的代码时，可以借助图 4-7 所示的部分状态表。

	N	N2	B$	NI
初始化	7	7	—	7
循环1		3	1	3
循环2				

图 4-7　把数字 N 转换为二进制表示的 BASIC 代码的部分状态表

创建状态表的步骤如下。

第 1 步：列出所有变量。

如果已经为这段代码绘制出 4.3.1 节讨论的依赖图，则很容易列出变量，因为依赖图中已经用同一种颜色圈出了所有变量。

第 2 步：创建状态表并在每列填入一个变量。

如图 4-7 所示，每列填入一个变量并记录变量的中间值。

第 3 步：在每行填入一个不同的代码执行过程。

涉及复杂计算的代码往往也包含一些复杂的依赖关系，例如与计算有关的循环或复杂的 if 语句。状态表的每一行代表不同的依赖关系。以图 4-7 所示的状态表为例，第 1 行代表初始化操作的值，第 2 行和第 3 行分别代表两次循环的迭代值。又如，状态表的一行既可以代表复杂的 if 语句中的某个分支，也可以代表一段连续的代码。而对于极其复杂或极其简短的代码，状态表的一行甚至可能代表一行代码。

第 4 步：阅读各部分代码，然后把每个变量的值填入表中合适的行和列。

从头到尾阅读代码，计算出更新后的各个变量值并填入表中每一行。大脑分析程序执行的过程称为**跟踪**或**认知编译**。利用状态表跟踪代码时，程序员很容易略过某些变量，只把部分值填入状态表，但是最好不要这样做。认真填写状态表有助于程序员更好地理解代码，一张完整的状态表能够减轻工作记忆的负荷。再次阅读程序时，程序员可以借助状态表专心研究程序的连贯性，而不必纠结于具体的计算过程。

Python Tutor：减轻工作记忆的认知负荷

在创建状态表的过程中，程序员必须仔细阅读代码。状态表能减轻工作记忆的认知负荷，对于理解程序大有裨益。某些程序也能实现程序执行的可视化，美国加州大学圣迭戈分校认知科学副教授郭伽开发的 Python Tutor 就是这样一款不错的程序。除了 Python，Python Tutor 目前支持其他多种编程语言，可以直观地给出程序执行过程。如图 4-8 所示，Python Tutor 采用不同方式存储整数和列表：对于整数，存储对象是它的值；对于列表，存储对象是类似于指针的系统。

图 4-8　Python Tutor 既可以直接存储整数 x 以及 x 的值，也可以使用指针存储列表 `fruit`

针对 Python Tutor 在教育行业的应用情况，有研究[1]指出学生需要一段时间才能掌握程序的使用方法，但 Python Tutor 确实有助于理解代码，对代码调试尤其有用。

4.3.3　结合使用依赖图和状态表

阅读代码时，程序员可以利用前文讨论的依赖图和状态表厘清程序脉络，以减轻工作记忆的认知负荷。两种方法的侧重点有所不同：依赖图主要用于判断代码的组织方式，状态表则主要用于判断代码执行的计算。遇到不熟悉的代码时，不妨首先创建依赖图和状态表来全面梳理代码的内部机制，以此作为理解代码的基础。

📖 练习 4-2

按照 4.3.1 节和 4.3.2 节介绍的步骤，为以下两段 Java 代码创建依赖图和状态表。

---

① Oscar Karnalim, Mewati Ayub. The Use of Python Tutor on Programming Laboratory Session: Student Perspectives, 2017.

程序 1

```java
public class Calculations {
    public static void main(String[] args) {
        char[] chars = {'a', 'b', 'c', 'd'};
        // 查找 bba
        calculate(chars, 3, i -> i[0] == 1 && i[1] == 1 && i[2] == 0);
    }
    static void calculate(char[] a, int k, Predicate<int[]> decider) {
        int n = a.length;
        if (k < 1 || k > n)
            throw new IllegalArgumentException("Forbidden");

        int[] indexes = new int[n];
        int total = (int) Math.pow(n, k);

        while (total-- > 0) {
            for (int i = 0; i < n - (n - k); i++)
                System.out.print(a[indexes[i]]);
            System.out.println();

            if (decider.test(indexes))
                break;

            for (int i = 0; i < n; i++) {
                if (indexes[i] >= n - 1) {
                    indexes[i] = 0;
                } else {
                    indexes[i]++;
                    break;
                }
            }
        }
    }
}
```

程序 2

```java
public class App {
    private static final int WIDTH = 81;
    private static final int HEIGHT = 5;

    private static char[][] lines;
    static {
        lines = new char[HEIGHT][WIDTH];
        for (int i = 0; i < HEIGHT; i++) {
            for (int j = 0; j < WIDTH; j++) {
                lines[i][j] = '*';
            }
        }
    }

    private static void show(int start, int len, int index) {
```

```
        int seg = len / 3;
        if (seg == 0) return;
        for (int i = index; i < HEIGHT; i++) {
            for (int j = start + seg; j < start + seg * 2; j++) {
                lines[i][j] = ' ';
            }
        }
        show(start, seg, index + 1);
        show(start + seg * 2, seg, index + 1);
    }

    public static void main(String[] args) {
        show(0, WIDTH, 1);
        for (int i = 0; i < HEIGHT; i++) {
            for (int j = 0; j < WIDTH; j++) {
                System.out.print(lines[i][j]);
            }
            System.out.println();
        }
    }
}
```

4.4 小结

- 认知负荷代表工作记忆的信息加工能力，认知负荷过高会导致大脑无法正确加工代码。
- 程序设计涉及两种认知负荷：内部认知负荷源于代码的固有复杂性，外部认知负荷则会在无意中增加代码加工的难度（与代码的表现形式有关），程序员缺乏相关知识也是产生外部认知负荷的原因。
- 程序员根据先验知识将代码重构为自己更熟悉的形式，从而减轻外部认知负荷。
- 绘制依赖图有助于理解复杂且相互关联的代码。
- 创建包含变量中间值的状态表有助于阅读涉及大量计算的代码。

Part 2

代码思考

　　第一部分讨论了短时记忆、长时记忆和工作记忆在加工代码时所起的作用，还介绍了学习编程语法和概念的技巧，以及如何在阅读代码时减轻大脑的认知负荷。

　　第二部分的讨论重点将从代码阅读转向代码思考，我们将剖析如何深入理解程序并避免出现思维方面的错误。

## 第 5 章

深入理解代码

5

内容提要
- ❑ 介绍程序中不同的变量角色
- ❑ 比较文本结构知识（了解代码使用的语法概念）与计划知识（理解代码编写者的意图）
- ❑ 比较阅读和学习自然语言与阅读和学习代码
- ❑ 探讨适用于深入理解代码的不同策略

前几章讨论了利用抽认卡和反复练习来学习编程语法，还介绍了通过圈出变量及其关系来尽快熟悉新代码。虽然掌握语法并了解变量之间的关系对于理解代码至关重要，但其他深层因素也会影响代码思考。

遇到一段不熟悉的代码时，程序员可能很难判断代码的作用。用第 4 章介绍的认知术语来说，阅读陌生的代码会显著增加大脑的认知负荷。而学习新的语法和编程概念并重构代码可以大幅减轻认知负荷。

在充分了解代码的作用后，接下来需要进一步思考当前的代码。代码采用哪种方式编写？可以在哪些位置添加新功能？是否还有其他设计方案？

你或许还记得第 3 章讨论过的图式，也就是记忆在大脑中的组织方式。记忆不是孤立存储的，它们彼此关联。推理代码时可以利用这些联系，因为长时记忆和工作记忆存储的信息有助于进行代码分块，从而提高代码思考的效率。

本章聚焦于代码思考，旨在剖析代码的深层含义。我们将给出深入思考代码的 3 种策略，包括如何推断代码编写者的理念、思路和决策。本章首先介绍有助于程序员推理代码的一种框架，然后讨论不同层次的理解和一些更高级的技巧，最后剖析如何运用阅读自然语言的策略来阅读代码。近年来的研究表明，阅读代码所需的技能与阅读自然语言所用的技能密切相关，这意味着程序员可以从研究如何阅读自然语言中得到很大启发，从而提高自己的代码理解能力。

5.1 变量角色框架

毫无疑问，变量在代码推理中处于主导地位，了解变量包含哪些信息对于分析代码和修改代码至关重要。如果不清楚某个变量应该承担的任务，那么思考代码将变得举步维艰。正因为如此，含义明确的变量名堪称程序的"指路明灯"，能帮助程序员更好地理解正在阅读的代码。

东芬兰大学教授 Jorma Sajaniemi 指出，变量之所以难以理解，是因为大多数程序员的长时记忆没有建立起能够关联变量的有效图式。Sajaniemi 在研究程序员喜欢使用的变量名后发现，这些变量名包含的信息不是过于笼统（例如"variable"或"integer"），就是过于具体（例如"number_of_customers"）。其实，既不太笼统也不太具体的变量名对程序员更有帮助。有鉴于此，Sajaniemi 决定设计**变量角色框架**（roles of variables framework）。变量的角色描述了变量在程序中承担的任务。

5.1.1 变量不同，承担的任务也不同

我们以下面这个 Python 程序为例讨论变量的不同角色，其中 prime_factors(n) 函数的作用是根据指定条件返回质因数的个数。

```python
upperbound = int(input('Upper bound?'))
max_prime_factors = 0
for counter in range(upperbound):
    factors = prime_factors(counter)
    if factors > max_prime_factors:
        max_prime_factors = factors
```

这段程序包括 4 个变量：upperbound、counter、factors 和 max_prime_factors。但如果我们的认识仅仅停留在"该程序包括 4 个变量"这种相当抽象的层面，那么并不能给理解程序带来太大帮助。变量名也许可以提供一些线索，但无法解决所有问题。例如，"counter"相当宽泛，仅从变量名很难判断这个变量在程序中是否会发生变化。这种情况下，研究 4 个变量的角色可能有所帮助。

上述程序将用户输入的值存储在变量 upperbound 中，然后执行 for 循环，直至达到变量 counter 指定的上界。变量 factors 暂时保存 counter 当前值的质因数个数，变量 max_prime_factors 则存储循环执行过程中找到的最大质因数。

变量角色框架可以反映出上述 4 个变量在行为方面的差异：upperbound 的角色是**固定值**，负责存储用户最新输入的上界值；counter 的角色是**步进器**，负责在循环中进行迭代；max_prime_factors 的角色是**最佳持有器**，负责存储搜索过程中的最大值；factors 的角色同样是**最近持**

有器，负责存储当前的质因数个数。5.1.2 节将详细解释这些角色以及框架中的其他角色。

5.1.2　涵盖大多数变量的 11 种角色

从 5.1.1 节讨论的 Python 程序可以看到，变量角色很常见，程序中经常能看到步进器变量或最佳持有器变量。实际上，Sajaniemi 认为只需要 11 种角色就能描述大多数变量。

- **固定值**（fixed-value）：如果变量的值在初始化操作后不会发生变化，那么变量的角色就是固定值。它既可以是常量（前提是程序员采用的编程语言支持固定值），也可以是赋值一次后值不再改变的变量。数学常数（例如圆周率 π）以及从文件或数据库读取的数据都属于固定值变量。

- **步进器**（stepper）：在循环中进行迭代时，总会有一个变量负责遍历值列表。这种变量的角色是步进器，它的值在遍历操作开始后就能预测出来。步进器变量既可以很简单（例如 for 循环的标准计数器变量 i），也可以很复杂（例如二分搜索的数组长度 size = size / 2，其中每次迭代时数组长度都会减半）。

- **标志**（flag）[1]：如果变量用于指示程序执行情况，那么它的角色就是标志。典型的标志变量包括 is_set、is_available 和 is_error。这种变量通常是布尔值，但也可以是整数甚至字符串。

- **步行器**（walker）：步行器变量和步进器变量的作用都是遍历数据结构，但二者的遍历方式有所不同。步进器变量的遍历方式始终可以预测（例如 Python 的 for 循环：for i in range(0, n)），而步行器变量的遍历方式在循环开始前无法预测。根据编程语言的不同，步行器变量既可以是指针，也可以是整数索引。这种变量可用于遍历二分搜索中的列表，但更多情况下用于遍历栈或树等数据结构。遍历某个链表以查找新元素插入位置的变量是步行器变量，二叉树的搜索索引同样是步行器变量。

- **最近持有器**（most-recent-holder）：在遍历值列表的过程中，如果变量用于保存最新的一个值，那么它的角色就是最近持有器。这种变量既可以存储从文件中读取的最新一行代码（line = file.readline()），也可以存储步进器变量最后引用的数组元素的副本（element = list[i]）。

- **最佳持有器**（most-wanted-holder）：遍历值列表的目的往往是为了查找某个值。如果变量用于保存最精确或目前为止最接近的搜索结果，那么它的角色就是最佳持有器。这种变量既可以存储最小值或最大值，也可以存储满足特定条件的第一个值。

---

① Sajaniemi 将这种角色命名为"单向标志"（one-way-flag），但我认为这个名称无法充分反映出角色的特点，因此改用"标志"。

❑ **收集器**（gatherer）：如果变量用于收集数据并聚合为一个值，那么它的角色就是收集器。如下所示，初始值为 0、在循环过程中负责累加值的 sum 就属于收集器变量。

```
sum = 0
for i in range(list):
    sum += list[i]
```

但是，函数式语言或支持某些函数式功能的语言也可以直接计算收集器变量的值：functional_total = sum(list)。

❑ **容器**（container）：这种数据结构用于存储多个可以添加或删除的元素，列表、数组、栈或树都属于容器。

❑ **跟随器**（follower）：某些变量的当前值总是依赖于其他变量的前一个值。这种变量的角色是跟随器，它始终与另一个变量相互关联。例如，跟随器变量既可以是遍历链表时指向表中前一个元素的指针，也可以是二分搜索中的下标。

❑ **组织器**（organizer）：有时候，变量在进一步处理前必须先转换为某种形式。例如，有些语言不支持直接访问字符串中的单个字符，需要先把字符串转换为字符数组；又如，程序员可能希望对给定的列表进行排序后再存储。组织器变量的作用仅仅是以不同方式重新排列或存储值，这种变量往往属于临时变量。

❑ **临时**（temporary）：临时变量的值只在短时间内使用，通常命名为 temp 或 t。这种变量既可用于交换数据，也可用于存储方法或函数中多次使用的计算结果。

11 种变量角色的概况如图 5-1 所示，程序员可以借此判断某个变量属于哪种角色。

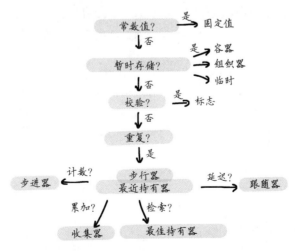

图 5-1　可以借助这张流程图判断变量在一段代码中的角色

5.2　角色和范式

角色并不局限于特定的编程范式，而是适用于所有范式。从 5.1.2 节讨论的收集器变量可以看到，函数式语言也支持这种角色。在面向对象编程中，同样能找到 5.1.2 节概述的变量角色。我们以下面这个 Java 类为例进行讨论。

```
public class Dog {
  String name;
  int age;
  public Dog(String n) {
    name = n;
    age = 0;
  }
  public void birthday() {
    age++;
  }
}
```

Dog 类的实例包括 name 和 age 这两个属性。name 的值在初始化后不会改变，因此它的角色是**固定值**；age 的行为与变量 counter（参见 5.1.1 节讨论的 Python 程序）类似，作用是从 0 开始遍历一个已知序列，其值在每次调用 birthday()方法时递增，因此 age 的角色是**步进器**。

5.2.1　角色的优点

大多数专业程序员多多少少熟悉变量角色框架（也许听说过角色名称不同的类似框架）。Sajaniemi 设计这个框架的目的不是创造新的概念，而是给出新的专业词汇供程序员在讨论变量时使用。变量角色框架是加深代码理解、提高沟通效率的有效手段，对于开发团队特别有帮助。

编程新手同样可以从了解变量角色中受益。研究表明，变量角色框架能帮助学生理解源代码，使用这种框架的学生比不使用这种框架的学生有更出色的表现。[1]变量角色框架之所以效果很好，是因为某一类程序往往用一组角色就能描述。如果某程序中出现了步进器变量和最佳持有器变量，那么这个程序就是搜索程序。

📖 练习 5-1

这项练习旨在帮助你了解 Sajaniemi 设计的变量角色框架。挑选几段自己不熟悉的代码，并研究各个变量的性质：

---

[1] Jorma Sajaniemi, Marja Kuittinen. An Experiment on Using Roles of Variables in Teaching Introductory Programming, 2007.

❑ 变量名；

❑ 变量类型；

❑ 变量执行的操作；

❑ 变量对应于框架的哪个角色。

将找到的所有变量填入表 5-1 中。

表 5-1　变量角色框架

变　量　名	类　　型	操　　作	角　　色

填写完毕后，想一想在确定每个变量角色时所做的决策。确定角色的依据是什么？还会考虑哪些因素？决策是否受到变量名、操作、代码注释或自身经验的影响？

处理变量角色的实用技巧

在阅读完全陌生的代码时，把代码打印出来或保存为可以添加批注的 PDF 文件很有效。不使用 IDE 来阅读代码听起来或许有些奇怪，而且肯定无法享受到 IDE 提供的某些功能（例如搜索代码），但是添加批注有助于程序员加深对代码的思考，以便从不同层次分析和处理代码。

我曾和许多专业程序员做过书面代码练习，一旦他们克服最初的障碍，就会发现这种方法非常有效。当然，对于比较复杂的程序，打印出所有相关的源代码可能不太现实，但不妨从一个类或一部分程序入手分析。如果受到代码长度或其他实际情况所限而无法打印代码，那么利用 IDE 提供的注释功能也可以实现本节讨论的各种批注方法。

以练习 5-1 为例，我喜欢把代码打印出来，并为每种变量角色设计一个小图标，如图 5-2 所示。

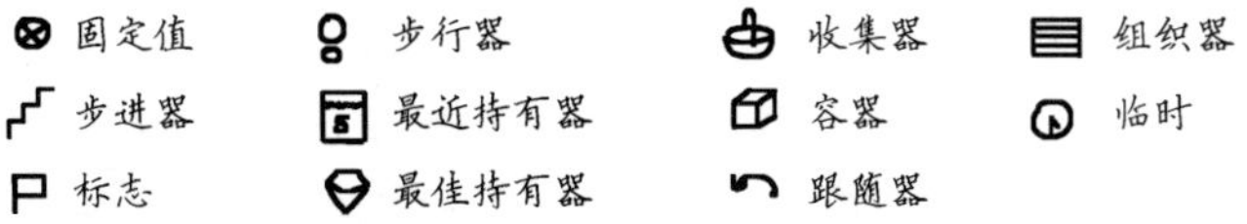

图 5-2　可以为变量角色框架的 11 种角色设计一套对应的图标，并在阅读陌生的代码时
　　　　使用它们来标记变量角色。这些是我自己使用的图标

熟悉这些图标以后，程序员就能迅速记住 11 种变量角色。为帮助记忆，也可以考虑制作一套抽认卡。

针对 5.1.1 节讨论的 Python 程序，图 5-3 使用图标来标记变量角色。

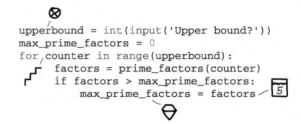

图 5-3　Python 程序使用图标来标记变量角色：upperbound 的角色是固定值，counter 的角色是步进器，max_prime_factors 的角色是最佳持有器，factors 的角色是最近持有器

编写代码时，在变量名中加入角色名称大有裨益。如果所有代码使用者都熟悉变量角色的概念，那么这种命名约定的效果会更好。虽然变量名长度可能因此而增加，但这种命名约定确实可以传递出重要信息，也便于代码阅读者确定变量角色。

5.2.2　匈牙利命名法

变量角色框架可能会使程序员想起**匈牙利命名法**（Hungarian notation），这种命名约定要求变量名体现出变量类型。例如，strName 是表示字符串名称的变量，而 lDistance 是表示距离的长整型变量。匈牙利命名法的诞生源于有些语言不支持类型系统，无法将变量类型写入变量名。

匈牙利裔美国软件架构师 Charles Simonyi 在 1976 年提交的博士论文 "Meta-Programming: A Software Production Method"（元编程：一种软件生产方法）中提出匈牙利命名法，这篇论文如今仍然值得一读。Simonyi 后来进入微软公司工作，担任 Word 和 Excel 项目的开发负责人。因此，微软开发的软件遵循匈牙利命名法，采用微软开发的语言（例如 Visual Basic）编写的软件后来也遵循这种命名约定。

20 世纪 70 年代，匈牙利命名法首先在基本组合编程语言（BCPL）中得到广泛应用，业界普遍认为 C 语言从 BCPL 发展而来。在支持智能感知（IntelliSense）功能的 IDE 出现之前，查看变量类型不太容易，因此将变量类型的相关信息写入变量名有助于提高代码库的可读性。不利之处在于匈牙利命名法会导致变量名变长，从而更难阅读，而且一旦需要修改变量类型，许多变量名可能也要随之调整。显示变量类型目前已成为大多数 IDE 的标准功能，所以在许多人看来，只会使变量名变长的匈牙利命名法无法再给支持类型系统的语言带来价值。正因为如此，将类型写入变量名的做法已经不太常见，业界如今普遍认为采用匈牙利命名法会适得其反。

应用型匈牙利命名法和系统型匈牙利命名法

将变量类型写入变量名的做法目前称为**系统型匈牙利命名法**（Systems Hungarian notation），但这种命名约定其实并非 Simonyi 的原意。

从本质上讲，Simonyi 提出的命名约定更具语义性：变量的前缀有更明确的含义，而不是只标明变量类型。这种命名约定如今称为**应用型匈牙利命名法**（Apps Hungarian notation）。举例来说，Simonyi 在论文中建议使用"cX"表示 X 的实例个数（例如 cColors 表示用户界面的颜色数量），使用"lX"表示数组长度（例如 lCustomers）。之所以称为应用型匈牙利命名法，是因为微软公司的应用系统部在开发 Word 和 Excel 时遵循这种命名约定。Excel 代码库的许多变量以 rw 或 col 为前缀，这些变量名是遵循应用型匈牙利命名法的绝佳范例。行和列的值都是整数，但考虑到可读性，最好能通过变量名区分出哪些变量表示行，哪些变量表示列。

Windows 开发团队也遵循应用型匈牙利命名法，但只针对数据类型，不针对语义，原因还不完全清楚。Stack Overflow 联合创始人 Joel Spolsky 曾经任职于 Excel 开发团队，他认为外界之所以曲解匈牙利命名法，是因为 Simonyi 使用术语"类型"（type）而不是"种类"（kind）来解释前缀的作用。[①]

但是查看 Simonyi 的原始论文会发现，有关类型的解释和具体的非类型示例（例如使用"cX"表示 X 的实例个数）出现在同一页。据我推测，更可能的情况是几位程序员（也许只有一个人）最初使用匈牙利命名法的方式有误，但以讹传讹，导致错误用法一传十、十传百。这是因为开始编写代码后，程序员往往会坚持使用某种命名约定，第 10 章将详细讨论这个问题。不管怎么说，匈牙利命名法的错误形式能在 Windows 生态系统中流传开来，很大程度上要归因于《Windows 程序设计》一书，该书是美国知名技术作家 Charles Petzold 的代表作之一。后来有人认为"匈牙利命名法会产生负面效果"，接下来发生的事情则众所周知：这种命名约定遭到摒弃。

在我看来，Simonyi 的理念仍然有很大价值。应用型匈牙利命名法倡导的一些建议与 Sajamieni 设计的变量角色框架颇为类似。例如，Simonyi 使用前缀 t 表示临时值，并提出将 min 和 max

---

① Joel Sprosky. Making Wrong Code Look Wrong, 2005.

分别作为数组最小值和最大值的前缀，这些建议与变量角色框架中的最佳持有器不谋而合。原始匈牙利命名法的主要优点是代码可读性较高（因为程序员不需要花太多时间推理变量角色），可惜这种命名约定的原意遭到曲解，从而在一定程度上掩盖了它的主要优点。

5.3   加深对程序的了解

如前所述，确定变量角色有助于程序员推理代码。第 4 章介绍过另一种快速理解代码的方法，那就是圈出变量并确定变量之间的关系。这些方法非常有用，但相对来说属于局部方法，只能帮助程序员理解某一段代码。接下来，我们将注意力转向如何从更高层次理解代码。代码编写者的意图是什么？他们希望代码实现哪些功能？在此过程中会做出哪些决策？

5.3.1   文本结构知识与计划知识

美国科罗拉多大学心理学教授 Nancy Pennington 致力于剖析不同层次的理解。她提出了一种描述程序员理解源代码的模型，该模型包括**文本结构知识**（text structure knowledge）和**计划知识**（plan knowledge）两个不同的层次。

根据 Pennington 设计的模型，文本结构知识代表对程序的表面理解（例如了解关键字的作用或变量的角色），计划知识则代表理解代码编写者在开发程序时计划实现的目标。这些目标隐藏在变量及其角色中，在程序员分析代码的结构和连接方式时会变得更加明显。接下来讨论如何更深入挖掘代码的意图。

5.3.2   程序理解的不同步骤

掌握程序的计划知识意味着理解各部分代码之间的联系及其原因。本节将详细介绍程序理解背后的理论，并通过几项练习来培养你快速查看代码的能力。

美国杨百翰大学副教授 Jonathan Sillito 把程序员对代码的理解分为 4 步。[1]Sillito 观察了 25 位程序员阅读代码的情况，发现他们往往从寻找代码的**焦点**（focal point）入手进行分析。焦点既可以是代码的入口点（例如 Java 程序的 `main()` 方法或 Web 应用程序的 `onLoad()` 方法），也可以是由于其他原因而引起程序员注意的某一行代码（例如刚刚报错或性能分析工具标记为消耗大量资源的那行代码）。

---

[1] Jonathan Sillito, Gail C. Murphy, Kris De Volder. Questions Programmers Ask During Software Evolution Tasks, 2006.

程序员根据所确定的焦点来分析代码，例如运行代码并在焦点处设置断点。此外，程序员可以检查代码，例如查找代码库中是否存在其他相关变量，或借助 IDE 提供的功能跳转到代码中使用焦点的其他位置。

以焦点为基础，程序员对整个程序的理解逐渐深入，例如可以确定某个函数的输入结果或某个类包括哪些字段。最后，程序员对整个程序有了充分了解，他们清楚焦点属于哪种算法，对于某个类定义的所有不同子类也能做到如数家珍。

概括来说，从对程序的粗浅认识到深入了解，通常会经历以下 4 步。

第 1 步：寻找焦点。

第 2 步：以焦点为基础逐步了解代码。

第 3 步：通过一系列相关的实体来理解某个概念。

第 4 步：理解涉及多个实体的不同概念。

焦点是代码阅读的一个重要概念。简而言之，程序员必须清楚从哪里开始阅读代码。在有些框架（例如依赖注入框架）和方法中，各个焦点相距甚远，很难把它们联系起来。为确定从何处入手，就需要了解这些框架连接代码的方式。

即使能看懂每一行代码，相距甚远的焦点也会导致代码阅读者（有时甚至是代码编写者）难以确定运行系统的实际结构。这表明程序员具备**文本结构知识**，但缺乏**计划知识**。程序员可能因此而灰心丧气，他们认为自己应该清楚代码的作用（因为代码看起来并不复杂），却依然难以把握底层结构。

深入理解代码的 4 个步骤

从第 4 章的讨论可知，阅读复杂的代码时可以遵循 6 个步骤以减轻认知负荷。介绍完文本结构知识与计划知识的区别后，再来回顾一下第 4 章给出的这些步骤。

第 1 步：圈出所有变量。

第 2 步：将相似的变量连起来。

第 3 步：圈出所有方法/函数调用。

第 4 步：将方法/函数及其声明连起来。

第 5 步：圈出所有类的实例。

第 6 步：将类及其实例连起来。

你可能会发现，以上 6 步相当于 Sillito 的抽象模型的实例化。不同之处在于第 4 章讨论的步骤没有给出具体的入口点，Sillito 提出的模型则适用于所有变量、方法和实例。接下来将讨论深入理解某段代码的 4 个步骤，但会给出具体的入口点。

为增强代码分析的效果，建议把代码打印出来并用荧光笔标出重要内容，也可以使用 IDE 为相关代码行添加注释。与第 4 章讨论的减轻认知负荷的 6 个步骤类似，我们详细梳理一下掌握代码计划知识的 4 个步骤。

第 1 步：寻找焦点。

从某个焦点入手分析代码。焦点既可以是 main() 方法，也可以是需要重点研究的某一段代码（例如运行时错误的位置或性能分析工具标记为速度慢的那行代码）。

第 2 步：以焦点为基础逐步了解代码。

梳理代码中存在哪些关系。从焦点开始，圈出所有起作用的相关实体（变量、方法和类）。也可以考虑把相似的变量连在一起（例如把作用都是访问列表元素的 customers[0] 和 customers[i] 连起来）。通过观察第一层代码行本身与哪些方法和函数有联系来扩大搜索范围。

圈出的内容称为代码**切片**。代码行 X 的切片定义为与 X 行相关的所有代码行。

分析切片有助于程序员了解程序中数据的使用情况。举例来说，程序员可以借此观察焦点是否与某行代码或某个方法密切相关。这些关系体现在哪些位置？从这些位置入手分析代码或许是很好的选择。哪部分代码包括大量方法调用？这些方法调用也可能成为进一步研究代码的焦点。

第 3 步：通过一系列相关的实体来理解某个概念。

上一步圈出了与焦点有关的代码行。分析一段代码的**调用模式**或许有所启发。例如，圈出的切片是否多次调用了某个方法？该方法可能在代码库中起到很大作用，值得深入研究。同样，可以暂时忽略任何没有使用的方法。利用 IDE 编辑代码时，程序员可能希望重新编排代码，将所调用的方法移到焦点附近，而将没有使用的方法移出视线，以减轻由于上下滚动 IDE 屏幕而产生的一些认知负荷。

研究切片时，还可以观察一下哪部分代码会频繁调用方法。重要的概念可能隐藏在联系紧密的代码中，由此入手分析也是不错的选择。通过深入研究重要的代码，可以把所有相关的类整理成表。记下这份关系列表并认真思考。根据已经确定的实体以及它们之间的关系，你是否对代码背后的概念有了初步认识？

第 4 步：理解涉及多个实体的不同概念。

程序员希望从更高层次理解代码涉及的不同概念，例如代码中出现的各种数据结构以及应用于这些数据结构的操作和约束条件。代码可以实现哪些功能？无法实现哪些功能？举例来说，某棵树是否属于二叉树？某个节点能否包括任意数量的子节点？树结构是否存在约束条件，例如程序员能否随意添加节点而保证程序不报错？

最后，不妨把代码中出现的概念以及自己的理解整理成表。第 3 步创建的实体列表和第 4 步创建的概念列表都是重要资料，可以用作代码文档。

📖 **练习 5-2**

从自己的代码库中再挑选一段不熟悉的代码，或者从 GitHub 上选择一段代码。代码种类无关紧要，但应该是自己不熟悉的代码。按照以下步骤深入研究所选的代码。

第 1 步：寻找代码的焦点。由于不是修复错误或添加功能，因此入口点可能就是代码的起点（例如 `main()` 方法）。

第 2 步：观察 IDE 或打印在纸上的代码，确定与焦点相关的代码切片。为此可能需要重构部分代码，把切片中涉及的相关代码移到一起。

第 3 步：根据第 2 步的情况，记下自己掌握的信息。例如，代码包括哪些实体和概念？它们之间的关系如何？

5.4 阅读代码和阅读文本有相似之处

第 2 章曾经提到，程序员平均每天花在理解代码而不是编写代码方面的时间接近 60%。[①]尽管需要阅读大量代码，但程序员并不重视培养代码阅读能力。由 Peter Seibel 所著的《编程人生》[②]一书记录了对 15 位软件先驱的访谈，介绍了他们的编程习惯，包括代码阅读习惯。虽然

---

① 参见 P12 脚注①。
② 该书已由人民邮电出版社出版。——编者注

大多数受访者承认代码阅读的重要性，也表示程序员应该增加阅读量，但很少有人能说出自己最近读过哪些代码。高德纳则是个特例。

由于既不重视培养阅读能力，又缺乏良好的策略和图式，因此程序员往往只能逐字逐句地阅读代码或借助调试工具逐步跟踪执行流程，导致代码阅读效率很低。这种情况又催生出另一种现象：程序员宁愿自己写代码，也不愿重用或修改现有的代码，因为"自己写更容易"。如果阅读代码就像阅读自然语言一样简单，那么情况是否会有所不同呢？接下来，我们首先探讨阅读代码和阅读自然语言的相似之处，然后剖析如何运用阅读自然语言的方法提高阅读代码的效率。

5.4.1   阅读代码时大脑的活动情况

在长时间从事编程活动后，程序员的大脑会发生哪些变化呢？研究人员希望找到这个问题的答案。前几章已经介绍过部分早期研究，例如美国贝尔实验室研究员 Katherine B. McKeithen 在 20 世纪 80 年代开展的实验（相关讨论参见第 2 章），她要求被试者阅读并记忆 ALGOL 程序，以初步了解组块对程序设计的影响。[1]

与程序设计和大脑有关的早期实验经常采用当时常见的方法，例如要求被试者记忆单词或关键字。这些研究方法至今仍然得到广泛应用，不过科学家也运用脑成像等更现代、更酷炫的技术来深入分析编程活动会触发哪些大脑区域以及相应的认知过程。

1. 布罗德曼分区

尽管大脑的很多情况还不为人知，但是我们对哪些大脑区域与哪类认知功能有关已有充分了解。德国神经学家科比尼安·布罗德曼为研究大脑区域立下汗马功劳，他在 1909 年出版的 *Vergleichende Lokalisationslehre der Großhirnrinde* 一书中全面介绍了 52 个不同区域的位置，这些区域如今称为**布罗德曼分区**（Brodmann area）。布罗德曼详细阐述了各个分区的主要功能（例如阅读和记忆），并绘制出大脑皮层的图谱。随后几年里，其他学者开展的大量研究也在不断丰富脑图谱的细节。[2]

拜布罗德曼的工作以及对大脑区域的后续研究所赐，目前我们对认知功能在人脑中的"位置"已有相当程度的了解。在探索更复杂的任务时，了解与阅读或工作记忆相关的大脑区域有助于掌握这些任务的本质。

---

① 参见 P21 脚注①。
② 如果对脑图谱感兴趣，可以浏览认知图谱项目（Cognitive Atlas）网站以查看最新的脑图谱。

研究人员借助**功能性磁共振成像**设备开展大脑区域研究，这种设备通过测量脑部的血流量来检测哪些布罗德曼分区处于活跃状态。研究人员通常要求被试者完成一项复杂的任务（例如解决智力难题），并利用功能性磁共振成像仪测量不同布罗德曼分区的血流量增加情况，借此确定完成指定任务时涉及哪些认知过程（例如工作记忆）。但由于被试者在设备扫描过程中不能移动，因此可以开展的实验数量有限，研究人员无法观察被试者在做笔记或写代码时的表现。

2. 利用功能性磁共振成像仪研究编程活动对大脑的影响

布罗德曼图谱（当然还有功能性磁共振成像仪）也激起了科学家对程序设计的好奇心，他们希望了解编程活动可能涉及的大脑区域和认知功能。2014 年，德国计算机科学教授 Janet Siegmund 率先借助功能性磁共振成像仪来研究编程活动。[1] 她要求被试者阅读排序、列表查找、求幂等常见算法的 Java 实现，但是将含义明确的变量名替换为含义不明的变量名。这样一来，被试者就无法根据变量名推测代码片段的作用，只能依靠认知努力来理解程序流。

研究结果确实表明，程序理解会激活 BA6、BA21、BA40、BA44 和 BA47 这 5 个布罗德曼分区，它们都位于左脑。

BA6 和 BA40 与工作记忆（大脑的"处理器"）和注意力有关，所以这两个分区参与编程活动在情理之中。但是 BA21、BA44 和 BA47 与自然语言处理有关，所以这 3 个分区参与编程活动或许有些出人意料。这一发现值得玩味，因为程序中出现的所有变量名都已经过混淆处理。

由此可见，就算变量名经过混淆处理，被试者也会阅读代码的其他元素（例如关键字）并设法从中寻找线索，这一点和人们阅读自然语言文本中的单词颇为类似。

5.4.2 能学会法语，就能学会 Python

如前所述，功能性磁共振成像的扫描结果表明，与工作记忆和语言处理有关的大脑区域会参与编程活动。那么，这是否意味着工作记忆容量越大、自然语言能力越强，编程水平就越高呢？

近年来的研究进一步揭示出了认知能力在程序设计中所起的作用。美国华盛顿大学教授 Chantel S. Prat 领导的一项研究致力于分析认知技能与程序设计之间的联系。Prat 和同事找来 36 位学生，观察他们通过在线学习平台 Codecademy 学习 Python 程序设计的情况，以评估被试者在

---

[1] Janet Siegmund et al. Understanding Programmers' Brains with fMRI, 2014.

数学、语言、推理、编程能力等方面的表现。[①]研究期间，Prat 借助广泛使用、已被证明有效的测试来评估被试者的非编程认知能力。举例来说，用于评估数学能力的一个问题如下："如果 5 台机器制造 5 个小零件需要 5 分钟，那么 100 台机器制造 100 个小零件需要多长时间？"流体推理测试则类似于智商测试，例如要求被试者完成一系列抽象图像。

研究人员根据 Codecademy 课后测验、课程设计（开发"石头剪子布"游戏）和选择题考试这 3 个要素评估被试者的编程能力。试题和课程设计的评分标准由 Python 专家负责编写。

根据所有学生的编程能力得分以及其他认知能力得分，Prat 和同事设计了一个预测模型，借此观察哪些认知能力可以预测编程能力。一些程序员也许对研究结果感到惊讶：计算能力（理解数学概念所需的知识和技能）在预测编程能力方面所起的作用很小，方差仅为 2%；语言能力是更重要的预测指标，方差为 17%。这个结果耐人寻味，因为软件开发行业往往强调数学能力的重要性，而且我认识的许多程序员坚持认为学习自然语言是自己的短板。全部 3 项测试的最佳预测指标是工作记忆容量和推理能力，方差达到 34%。

在这项研究中，Prat 和同事不仅评估了 36 位被试者的认知能力，而且在测试期间利用脑电图机测量了他们的大脑活动情况。与功能性磁共振成像仪不同，脑电图机的结构相对简单，通过置于头部的电极测量大脑活动。在研究 3 项编程任务时，研究人员把脑电图数据也纳入考虑。

评估学习速度（学生完成 Codecademy 培训课程的速度）时，研究人员发现语言能力尤其重要。学习速度和其他编程能力具有相关性，所以速度快的学生并非在不求甚解的情况下匆匆完成课程。当然，也可能有这样一个潜在因素：无论学习哪种编程领域，阅读能力强的学生往往收获很大，阅读能力差的学生则力不从心。

编程准确性以被试者开发"石头剪子布"游戏的表现为依据进行评估，一般性认知技能（包括工作记忆和推理能力）是最重要的指标。陈述性知识以被试者的选择题考试成绩为依据进行评估，脑电图活动也是一个重要因素。如图 5-4 所示，这项研究的结果似乎表明，学习编程语言的能力取决于学习自然语言的能力。

---

① Chantal S. Prat et al. Relating Natural Language Aptitude to Individual Differences in Learning Programming Languages, 2020.

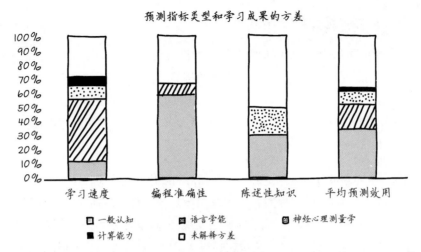

图 5-4 Prat 的研究结果表明，计算能力在预测编程能力方面所起的作用很小，语言学
　　　　能是更重要的预测指标，会显著影响编程语言的学习速度[1]

在许多程序员看来，这项研究的结果多少有些出乎意料。高校通常把计算机科学视为交叉学科，并将其与科学、技术、工程、数学等理工科专业归为一类，我所在的大学也是如此。编程文化对数学能力推崇备至，而 Prat 的研究可能会促使人们重新思考影响编程能力的因素。

1. 如何阅读代码

在分析代码阅读之前，我们先来讨论一下如何阅读报纸等（非虚构类）文本。请想一想，你是怎样阅读报纸文章的？

人们在阅读文本时往往会采取多种策略，例如先扫视一遍文本，再决定是否花时间仔细阅读。阅读过程中，人们也可能有意识地浏览文字配图以帮助自己理解文本以及上下文，有时还会总结阅读要点或圈出最重要的内容。扫视文本或浏览配图属于**文本理解策略**。经过学校的积极传授和培养，许多策略已经形成条件反射，达到"拿来就用"的程度。

我们首先梳理一下关于代码阅读的科学研究成果，稍后剖析提高代码阅读水平的方法。

📖 练习 5-3

　　想一想自己阅读非虚构类文本的情况，列出阅读开始前、阅读过程中和阅读结束后所采用的策略。

---

[1] 结果同样来自 Prat 等人合写的论文 "Relating Natural Language Aptitude to Individual Differences in Learning Programming Languages"（将自然语言学能与学习编程语言的个体差异联系起来）。

2. 阅读代码时，程序员会首先扫视代码

研究人员借助**眼动仪**观察人眼活动情况，这种设备用于确定人们的注意力集中在屏幕或页面的哪个位置。营销研究中广泛使用眼动仪来评估哪类广告最 "吸睛"。早在 20 世纪 20 年代，眼动仪便投入使用，当时这种设备大到要整个房间才装得下。现代眼动仪则小得多，既可以嵌入硬件（例如微软开发的体感外设 Kinect），也可以完全基于软件，利用图像识别技术跟踪用户的视线。

借助眼动仪，研究人员得以深入了解程序员如何阅读代码。例如，日本奈良先端科学技术大学院大学教授 Hidetake Uwano 领导的一支研究团队发现，程序员通过扫视代码来了解程序的功能。[1]研究人员在统计被试者的代码阅读时间后发现，他们在最初 30% 的时间里浏览了超过 70% 的代码行。人们在阅读自然语言时往往会快速扫视文本以了解文本结构的概况，而且似乎把这种策略也运用到了代码阅读中。

3. 编程 "菜鸟" 和编程 "老鸟" 的代码阅读方式有所不同

为找出程序员阅读代码与阅读自然语言之间的关系，德国柏林自由大学研究员 Teresa Busjahn 领导的团队请来 14 位新手程序员和 6 位资深程序员参与研究。[2]Busjahn 和同事首先分析了文本阅读与自然语言阅读之间的差异，发现阅读代码的线性度低于阅读自然语言：新手程序员在阅读文本时，大约 80% 的眼球运动是线性的；而在阅读代码时，75% 的眼球运动是线性的。如果不具备线性阅读的条件，那么新手程序员往往会追踪调用栈而不是从上往下阅读代码。

除了比较阅读代码和阅读文本的差异，Busjahn 和同事还比较了新手程序员和资深程序员的代码阅读实践，发现二者有所不同：与资深程序员相比，新手程序员的代码阅读方式更加线性，而且会更频繁地追踪调用栈。由此可见，在阅读代码的同时学习追踪调用栈是一种 "习惯成自然" 的实践。

5.5　运用文本理解策略来阅读代码

从 5.4 节的讨论可知，阅读代码和阅读自然语言所用的认知技能很接近。既然如此，阅读自然语言的研究成果或许也适用于阅读代码。

为了解有效的阅读策略以及如何掌握这些策略，科学家开展了大量研究并得出结论：阅读理

---

① Hidetake Uwano et al. Analyzing Individual Performance of Source Code Review Using Reviewers' Eye Movement, 2006.
② Teresa Busjahn et al. Eye Movements in Code Reading: Relaxing the Linear Order, 2015.

解策略大致可分为以下 7 种。①

- **激活**：主动思考相关信息以激活先验知识。
- **监测**：随时掌握理解文本的情况。
- **确定重要性**：判断哪部分文本的相关性最高。
- **推断**：补全文本中没有明确给出的事实。
- **视觉化**：通过绘制文本的图表以加深理解。
- **提问**：针对当前的文本提出问题。
- **摘要**：编写简短的文本摘要。

由于阅读代码与阅读文本之间存在认知相似性，因此阅读自然语言所用的策略同样有助于阅读代码。接下来，我们以代码阅读为对象，逐一讨论上述 7 种已知的文本阅读策略。

5.5.1 激活先验知识

如前所述，程序员在深入分析新代码前会先扫视一遍代码。扫视代码之所以有用，是因为可以借此初步了解代码中出现的概念和语法元素。

从前几章的讨论可知，大脑在进行思维活动时，工作记忆会检索长时记忆中是否存在相关记忆。主动思考代码元素有助于工作记忆检索长时记忆存储的相关信息，从而可以在一定程度上帮助程序员理解当前的代码。为有意识地激活先验知识，不妨用一段固定的时间（例如 10 分钟）来分析代码并了解它的作用。

📖 练习 5-4

挑选一段自己不熟悉的代码，根据代码长度用 5 分钟或 10 分钟的时间进行分析，然后试着回答以下具体问题。

- 首先注意到哪个元素（变量、类、编程概念等）？
- 原因何在？
- 其次注意到哪个元素？
- 原因何在？
- 两个元素（变量、类、编程概念等）是否相关？
- 代码包括哪些概念？是否了解所有概念？

---

① Kathy Ann Mills. The Seven Habits of Highly Effective Readers, 2008.

❑ 代码包括哪些语法元素？是否了解所有语法元素？

❑ 代码包括哪些领域概念？是否了解所有领域概念？

这项练习的结果可能会促使你进一步研究代码中不熟悉的编程概念或领域概念。遇到陌生的概念时，最好先研究一下这个概念再继续阅读代码。这是因为边阅读新代码边学习新概念会加重认知负荷，从而既影响代码阅读的效率，也影响概念学习的效果。

5.5.2 监测

阅读代码时，及时了解所阅读的内容以及是否理解这些内容很重要。程序员既要跟踪有把握的代码，也要跟踪拿不准的代码。建议把程序打印出来，并借助标记变量角色时所用的图标来标注有把握的代码行和拿不准的代码行。

图 5-5 展示了用这种方式标注的一段 JavaScript 代码：有把握的代码行打对勾，拿不准的代码行打问号。如果采用这类手段监测对程序的理解情况，那么再次阅读代码时就可以集中精力分析拿不准的代码行。

```javascript
✓ import { handlerCheckTodo } from '../handlers/checkedTask.js';
✓ import { handlerDeleteTodo } from '../handlers/deletetask.js';
✓ import { restFulMethods } from '../restful/restful.js';

✓ export class app {
  ✓ state = [];
  ✓ nexId = 0;

  ✓ renderTodos(todosArray) {
    ✓ const Tbody = document.createElement('tbody');

    ✓ for (const todo of todosArray) {
      ? const trEl = document.createElement('tr');
      ✓ trEl.className = 'today-row';
      ? const DivEl = document.createElement('div');
      ✓ DivEl.className = 'row';
      ✓ const divElSecond = document.createElement('div');
      ✓ divElSecond.className = 'col-1';

      ✓ const TdEl = document.createElement('td');
      ✓ const checkBoxEl = document.createElement('input');
      ✓ checkBoxEl.type = 'checkbox';
      ✓ checkBoxEl.addEventListener('click', handlerCheckTodo);

      ✓ checkBoxEl.dataset.index = todo.id;
```

图 5-5 标注对 JavaScript 代码片段的理解情况：有把握的代码行打对勾，拿不准的代码行打问号

标出拿不准的内容不仅便于监测程序的理解情况，还能提高寻求帮助的效率。假如能明确指出困扰自己的代码行，那么程序员就可以请代码编写者有针对性地进行解释，这比仅仅告诉对方"不清楚这段代码的作用"更有效。

5.5.3 确定不同代码行的重要性

阅读代码时，思考哪些代码行很重要可能非常有用。建议程序员有意识地培养这方面的能力。简单的程序也许包括10行重要的代码，复杂的程序也许包括25行重要的代码——数量无关紧要，关键是确定哪部分代码可能对程序执行产生最大的影响。

如果把代码打印出来，那么不妨使用感叹号来标记重要的代码行。

📖 **练习 5-5**

挑选一段自己不熟悉的代码，花几分钟时间确定程序中最重要的代码行，然后回答以下问题。

❑ 为什么认为这些代码行最重要？

❑ 这些代码行的作用是什么？例如执行初始化、输入/输出或数据处理操作。

❑ 这些代码行与程序的总体目标有哪些联系？

怎样判断代码行的重要性

程序员可能会问，怎样判断代码行的重要性呢？这个问题问得好。我经常和开发团队一起练习标注重要的代码行。每位团队成员先标出自己认为最重要的代码行，再与其他成员交换意见。

很多时候，团队成员未必能就代码行的重要性达成共识。有人认为执行最多计算的代码行最重要，有人则认为相关库的导入语句或说明性注释最重要。程序员掌握的编程语言或领域概念不同，对代码重要性的看法也不同，这种情况很正常。意见相左不是需要解决的分歧，而是相互交流的机会。

建议程序员和团队成员一起标注重要的代码行，这类练习既有助于了解代码，也有助于了解自己和同事的水平（优先考虑的事项、开发经验等）。

5.5.4　推断变量名的含义

代码结构本身包含程序的大量信息，循环和条件语句就是一例。程序元素的名称（例如变量名）也能提供线索，有时可能需要推断它们的含义。如果代码中有一个名为 shipment 的变量，那么了解"shipment"一词在这段代码中的含义会有帮助。这个词是指为客户准备的一系列产品（意为"订单"），还是指即将运往工厂的一套产品（意为"出货"）？

从第 2 章的讨论可知，变量名是提示代码作用的重要线索（**信标**），因此阅读代码时应该特别予以注意。

为培养推断变量名含义的能力，一种方法是逐行阅读代码，并列出变量名、类名、方法名、函数名等所有标识符，即使完全不了解代码的作用也可以这样做。这种呆板的代码分析方式也许显得有些奇怪，但阅读所有标识符有助于改善工作记忆。大脑此时会在长时记忆中检索相关信息，并利用找到的信息帮助工作记忆更好地加工代码。

创建标识符列表有助于加深对代码的理解。举例来说，可以把变量名分为两类：一类变量名与代码的领域有关，例如 Customer 或 Package；另一类变量名与编程概念有关，例如 Tree 或 List。也存在横跨两个类别的变量名，例如 CustomerList 或 FactorySet。部分变量名必须借助上下文才能理解，这意味着程序员需要花费更多时间来分析它们的含义——本章前面介绍过 Sajaniemi 提出的框架，程序员可以利用这种框架判断变量角色。

📖 练习 5-6

挑选一段源代码，认真阅读程序并列出所有变量名。

将每个变量名的情况填入表 5-2 中。

表 5-2　变量名分析

变 量 名	是否与领域概念有关？	是否与编程概念有关？	是否需要借助上下文来理解变量名？

根据表 5-2 的内容回答以下问题。

❑ 变量名是否与领域概念有关？

❑ 变量名涉及哪些编程概念？

❑ 变量名可以提供哪些信息？

❑ 哪些变量名彼此相关？

❑ 是否存在含义不明确、需要借助上下文才能理解的变量名？

❑ 能否推断出这些变量名在代码库中的含义？

5.5.5 视觉化

从前几章的讨论可知，可以通过创建状态表、跟踪代码流等手段将代码以视觉化方式呈现出来，以便加深理解。

还可以采用其他几种视觉化手段来理解代码。如果需要深入理解一段极其复杂的代码，那么列出变量执行的所有操作会有帮助。

操作表

阅读不熟悉的代码时，有时很难预测变量值在代码执行过程中的变化情况。对于功能无法一望而知的代码，创建操作表是个不错的选择。以代码清单 5-1 所示的 JavaScript 代码片段为例，如果不清楚压缩函数合并了两个列表，则很难读懂这段代码。

代码清单 5-1 利用给定函数 f 压缩列表 as 和 bs 的 JavaScript 代码

```
zipWith: function (f, as, bs) {
  var length = Math.min(as.length, bs.length);
  var zs = [];
  for (var i = 0; i < length; i++) {
    zs[i] = f(as[i], bs[i]);
  }
  return zs;
}
```

万一遇到这种情况，建议查看变量、方法和函数并确定它们执行的操作。例如，f 应用于 as[i] 和 bs[i]，因此它是函数；as 和 bs 使用索引，因此二者必定是列表或词典。分析一段复杂的代码时，只要能根据变量执行的操作确定变量的类型，就更有把握判断它们的角色。

📖 练习 5-7

挑选一段自己不熟悉的代码，记下所有变量名、函数名和类名，然后在表 5-3 中列出与每个标识符相关的所有操作。

表 5-3　标识符分析

标　识　符	操　作

　　填写完毕后再通读一遍代码,看看创建操作表是否有助于加深对变量角色和整个程序的了解。

5.5.6　提问

　　阅读代码时问自己一些问题有助于理解代码的目标和作用。可以参考前几节给出的众多示例问题,部分更有价值的问题如下。

- ❏ 代码中最核心的 5 个概念是什么?例如标识符、主题、类、注释包含的信息等。
- ❏ 采用哪些策略来确定核心概念?例如方法名、变量名、文档或自己对系统的先验知识。
- ❏ 代码中最核心的 5 个计算机科学概念是什么?例如算法、数据结构、假设、技术等。
- ❏ 可以确定代码编写者所做的哪些决策?例如实现某种版本的算法、使用某种设计模式、使用某个库或 API 等。
- ❏ 这些决策依赖于哪些假设?
- ❏ 这些决策有哪些优点?
- ❏ 这些决策可能存在哪些不足?
- ❏ 是否还有更好的决策?

　　这些问题比文本结构知识更深入,能帮助程序员理解代码编写者计划实现的目标。

5.5.7　摘要

　　最后一种文本理解策略是总结刚刚读过的内容,这种策略同样适用于程序理解。用自然语言编写代码摘要是深入理解代码实质的有效手段。代码摘要还能作为附加文档供个人参考,甚至在没有文档的情况下作为正式的代码文档供团队参考。

本章前面介绍的几种方法对于编写代码摘要大有裨益。例如，不妨考虑从观察最重要的代码行、列出所有变量及其相关操作、思考代码编写者所做的决策等方面入手编写摘要。

📖 练习 5-8

挑选一段代码，并将相关信息填入表 5-4 中。当然也可以根据实际情况在摘要中加入其他内容。

表 5-4　代码摘要

项　　目	
代码目标：代码希望实现哪些功能？	
最重要的代码行	
最相关的领域概念	
最相关的编程结构	
代码编写者所做的决策	

5.6　小结

- ❏ 阅读不熟悉的代码时，确定变量角色（例如步进器或最佳持有器）有助于加深理解。
- ❏ 理解代码时，**文本结构知识**（了解代码使用的语法概念）和**计划知识**（理解代码编写者的意图）有所不同。
- ❏ 阅读代码与阅读自然语言之间存在诸多相似之处，可以根据学习自然语言的能力预测学习编程语言的能力。
- ❏ 通常可以借助视觉化、摘要等策略深入理解自然语言文本，这些策略同样适用于深入理解代码。

## 第 6 章

更好地解决编程问题

6

内容提要
- ❏ 运用模型提高推理程序问题的效率
- ❏ 分析为什么思考问题的方式会影响解决问题的方式
- ❏ 探讨如何运用模型更有效地思考代码和解决问题
- ❏ 研究通过改善长时记忆来学习解决问题的新方法
- ❏ 练习运用模型来改善工作记忆，从而提高解决问题的能力
- ❏ 通过抽象出不相关的细节并纳入重要的细节来正确判断问题的范围

第 1 章介绍了程序设计中起作用的 3 种认知过程。第 2 章和第 3 章讨论了大脑如何将阅读代码时获得的信息暂时存储于短时记忆，并在需要时从长时记忆中提取出来。第 4 章分析了思考代码时处于活跃状态的工作记忆，第 5 章则探讨了深入理解陌生代码的策略。

本章聚焦于如何解决问题。专业程序员经常需要权衡不同的问题解决方案：应该将公司的所有客户抽象为一个简单的列表，还是一棵按默认分支组织的树？应该采用基于微服务的架构，还是集中处理所有逻辑的架构？

在评估不同的问题解决方案时，程序员往往发现这些方案各有所长。由于需要考虑的因素非常多，因此决定采用哪种方案颇费思量。例如，应该优先考虑易用性，还是把性能放在首位？是否有必要考虑今后可能对代码所做的修改，还是集中精力处理当前的任务？

本章将介绍两种框架，以帮助程序员深入理解如何选择不同的软件设计方案。我们从研究问题解决和程序设计过程中大脑产生的心智表征（mental representation）入手讨论。了解代码分析所涉及的心智表征不仅有助于程序员在解决问题时举一反三，还能提高推理代码和解决问题的效率。本章将介绍两种与模型有关的方法，程序员可以利用这些方法强化长时记忆并改善工作记忆。

接下来，我们会讨论程序员在解决问题时如何与计算机打交道。阅读代码和编写代码时，程序员不会把计算机的各个方面统统纳入考虑，某些情况下可以抽象出许多细节。举例来说，在设计用户接口时，一般不需要关心操作系统的大多数具体细节；在实现机器学习模型或开发手机应用程序时，则必须考虑运行代码的设备是否满足要求。本章讨论的第二种框架可以帮助程序员从适当的抽象层面思考问题。

6.1 借助模型来思考代码

人们在解决问题时几乎总会构建模型。模型是对现实的简化表征，主要目的是帮助人们思考问题并最终解决问题，其形式多种多样，正式程度也不尽相同。封底计算（估算）是一种模型，软件系统的实体关系图也是一种模型。

使用模型的优点

在前几章的讨论中，我们构建了各种用于代码分析的模型。如图 6-1 所示，状态表能帮助程序员判断变量值。

```
1   LET N2 =  ABS (INT (N))
2   LET B$ = ""
3   FOR N1 = N2 TO 0 STEP 0
4       LET N2 =  INT (N1 / 2)
5       LET B$ =  STR$ (N1 - N2 * 2) + B$
6       LET N1 = N2
7   NEXT N1
8   PRINT B$
9   RETURN
```

	N	N2	B$	N1
初始化	7	7	—	7
循环1		3	1	3
循环2				

图 6-1 把数字 N 转换为二进制表示的 BASIC 程序。图中所示的部分状态表有助于程序员理解这段代码的作用

依赖图也是一种代码模型。

利用代码的显式模型解决问题有两个优点。第一个优点是，模型有助于团队成员相互交流程序的相关信息。其他人可以根据程序员创建的状态表判断变量的所有中间值，从而帮助自己理解代码的作用。模型在大型系统开发中特别有用。例如，当团队成员一起讨论代码的架构图时，程序员可以借助模型来解释类以及类与对象之间的关系，否则就要大费口舌。

第二个优点是，模型有助于解决问题。工作记忆能同时加工的信息元素有限，当工作记忆接

近饱和状态时，构建模型是减轻认知负荷的有效方法。儿童也许不会心算 3 加 5 等于几，而是借助数轴（一种模型）进行计算。与之类似，程序员可能会在白板上绘制出系统架构图，因为工作记忆很难容纳大型代码库的所有元素。

模型有助于长时记忆检索相关记忆，所以对解决问题大有裨益。模型往往存在约束条件，例如状态表只能显示变量值，实体关系图只能显示类及其关系。这些约束条件使程序员不得不把注意力集中在问题的某一方面，从而为思考解决方案创造出有利条件。借助数轴计算两个数相加能帮助儿童专注于计数活动，实体关系图则迫使程序员思考系统包括哪些实体或类以及它们之间的关系。

模型不同，对问题解决的影响也不同

需要注意的是，思考问题所用的模型各有不同。程序员很清楚表征的重要性及其对问题解决的影响。例如，计算某个数字除以 2 时，先将该数字转换为相应的二进制形式可以大大简化计算，因为只需将所有位（bit）右移一位即可。[①]这个例子虽然比较简单，但也说明表征确实会影响许多问题的解决策略。

"小鸟和火车"问题可以更好地体现出表征的重要性。英国剑桥和首都伦敦相距 50 英里（约 80.5 千米），一列火车从剑桥开往伦敦，另一列火车从伦敦开往剑桥，两列火车同时出发，时速均为 50 英里。第一列火车驶出车站时，落在车上的一只小鸟以每小时 75 英里（约 120.7 千米）的速度飞向第二列火车，到达第二列火车时又掉头飞向第一列火车，就这样来回飞行，直到两列火车相遇。那么当两列火车相遇时，小鸟的飞行距离是多少？

如图 6-2 所示，很多人的第一反应是考虑两列火车以及小鸟在火车之间的飞行轨迹。

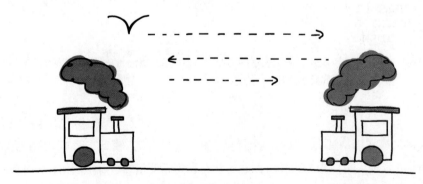

图 6-2   以小鸟在两列火车之间的飞行距离为参照物进行建模。根据模型进行求解虽然
正确，但非常复杂，需要计算两列火车的位置变化

————————————

① 以 10 / 2 为例，10 的二进制表示是 1010，所有位右移一位得到 0101，这是 5 的二进制表示。——译者注

对小鸟的飞行轨迹建模虽然正确，但涉及一系列复杂的方程求解，大多数人视如畏途。更简单的解决方案是以小鸟自身的飞行时间为参照物：30 分钟后，两列火车将在伦敦与剑桥之间的中心位置相遇，此时两列火车的行驶距离均为 25 英里（约 40.2 千米）。由于小鸟的飞行速度为每小时 75 英里，因此 30 分钟的飞行距离为 37.5 英里（约 60.4 千米）。可以看到，思考问题的方式会极大影响解决问题的方式以及为此而付出的努力，"小鸟和火车"问题就是一个很好的例子。

在程序设计中，程序员也要和不同的问题表征打交道。有些编程语言会限制可能表征的数量，这对解决问题既有利也有弊。例如，APL 这类语言非常适合对涉及矩阵的问题进行建模，但未必适合解决需要不同表征的问题。而 Java 可以通过创建类来表征各种问题，所以也能处理与矩阵有关的问题，缺点是需要创建矩阵类，因此会增加工作量。由于 Java 内置的 `for` 循环很常用，因此采用两个嵌套的 `for` 循环来实现矩阵或许是更好的选择。

6.2 心智模型

到目前为止，本书讨论的模型主要是在脑外构建的显式模型，例如在纸上或白板上绘制的状态表、依赖图和实体关系图。如果需要与他人交流或深入思考某个问题，那么不妨构建这类模型。但程序员在思考问题时也可以借助不是在脑外构建的显式模型，这类模型称为**心智模型**（mental model）。

从 6.1 节的讨论可知，解决问题所用的表征会影响思考问题的方式。心智模型同样如此：模型不同，对分析问题所起的作用也不同。本节将给出心智模型的定义，并讨论如何在解决问题时明确使用这种模型。

程序设计中应用心智模型的一个例子是思考树的遍历。代码和计算机中当然没有真正的树可供遍历，大脑存储的只是一些值，程序员根据这些值构建出树结构。这种模型有助于程序员推理代码，因为比起思考"某个元素引用的元素"，思考"某个节点的子节点"要容易得多。

在 1943 年出版的 *The Nature of Explanation* 一书中，苏格兰哲学家 Kenneth Craik 率先提出心智模型的概念，他把这种模型称为自然界现象的心智"比例模型"。Craik 指出，人们运用心智模型预测、推理并解释客观世界。

心智模型在工作记忆中创造出某种抽象，可以用来推理当前的问题。我认为这个定义恰如其分地反映出了心智模型的性质。

与计算机打交道时，程序员会构建各种各样的心智模型。以文件系统为例，程序员可能会把这种数据结构看作保存在文件夹中的一系列文件。当然，仔细想想就会知道，硬盘中并没有真正的文件或文件夹，只有一连串 0 和 1，但程序员认为这些 0 和 1 就是按照文件系统的形式组织起来的。

心智模型同样适用于代码分析。例如，程序员认为代码是逐行执行的，采用编译型语言编写的程序也是如此——当然执行对象不是 Java 或 C 语言编写的源代码，而是编译后生成的字节码。即使代码执行无法准确或完整地表征程序的执行过程，构建这种模型也有助于推理程序。

但是，并非所有模型都能达到预期效果。举例来说，在使用调试器逐步跟踪经过高度优化的代码时，程序员发现编译器的优化工具已对底层代码做出深度改造，以致很难从代码的调试步骤看出代码的执行方式。

📖 练习 6-1

挑选一段你最近几天使用的代码，并思考以下问题：编写代码时用到了哪些心智模型？这些模型是否与计算机、代码执行或其他编程要素有关？

6.2.1 详细剖析心智模型

无论是心智模型还是脑外构建的模型，二者的重要特征都是可以充分表征问题，但比现实更简单也更抽象。表 6-1 列出了心智模型的其他重要特征。

表 6-1 心智模型的重要特征及其在程序设计中的应用

特　征	示　例
心智模型是不完整的。心智模型不一定是描述目标系统的完整模型，就像比例模型会在某些方面简化所建模的物理对象一样。只要能抽象出不相关的细节，无论心智模型是否完整，对使用者来说都有价值	把变量看作存放值的盒子无法充分解释重新赋值的概念。新值和旧值是同时存放在盒子里，还是新值会把旧值"挤出"盒子？
心智模型是不稳定的。心智模型并非一成不变，而是在使用过程中经常发生变化。以构建一个用水流来类比电流的心智模型为例，我们最初可能把电流看作一条笔直的河流，而随着对电流如何流动的认识不断深入，也许会调整此前构建的模型，把电流看作一条宽窄不一的河流	把变量看作存放值的盒子在学习编程之初有一定帮助，但随着经验的增长，程序员了解到一个变量无法存储多个值，因此用名称标签来类比变量更合适
相互矛盾的多个心智模型可以共存。初学者尤其喜欢构建"局部一致但全局不一致"的心智模型，这些模型往往与特定问题的具体细节密切相关①	既可以把变量看作存放值的盒子，也可以把变量看作附加在值上的名称标签 两种心智模型可以共存，可能适用于不同的场合

① 参见 *International Encyclopedia of the Social and Behavioral Science* 第 9683 ~ 9687 页的"心智模型的心理学"词条（Dedre Gentner. Mental Models, Psychology of, 2002.）。

（续）

特　　征	示　　例
心智模型可能很"诡异"，甚至使人产生迷信的感觉。人们常常会相信一些说不通的事情	程序员是否曾要求计算机执行某些任务，例如"拜托这次把程序跑通"？就算知道计算机没有知觉，也听不懂自己说话，程序员仍然可能把计算机看作一种对自己有利的实体
人们在迫不得已时才考虑使用心智模型。由于思考会消耗大量脑细胞，因此人们往往宁可多做体力活也不愿动脑子	例如，在调试代码时，许多程序员不愿费心为问题构建一个逻辑清晰的心智模型，而是更喜欢对代码进行微调，然后再次运行程序并观察错误是否已经修复

6.2.2　学习新的心智模型

根据表 6-1 的描述可知，类型不同、相互矛盾的心智模型能够在大脑中共存。为简单起见，我们不妨认为文件"存放"在文件夹里，但心里清楚文件其实是硬盘存储的信息集合。

学习编程的过程往往是逐步掌握新模型的过程。例如，程序员最初可能把计算机文件看作写有文字、存放在某个位置的实际纸张，但随着经验的增长，逐渐了解到硬盘只能存储 0 和 1。又如，程序员最初可能用地址簿中的姓名和电话号码来类比变量和变量值，然后在进一步学习计算机存储器的工作原理后再相应调整此前构建的模型。有人认为，随着对事物的认识不断深入，大脑会清除原先"错误"的心智模型，代之以更准确的心智模型。但是从前几章的讨论可知，长时记忆存储的信息不太可能完全消失。换句话说，此前构建的不准确或不完整的心智模型随时可能影响人们的判断。多个心智模型可以同时处于活跃状态，这些模型并非总是泾渭分明。正因为如此，原先的心智模型存在突然"乱入"的可能性，这种情况在大脑承受的认知负荷较高时更容易出现。

为解释什么是相互矛盾的心智模型，请思考以下问题：如果给雪人穿上一件既好看又暖和的毛衣，那么与没有穿毛衣的雪人相比，穿毛衣的雪人融化得更快还是更慢？

有人一开始也许认为穿毛衣的雪人融化速度会更快，因为大脑会立即检索到"毛衣能保暖"这一心智模型。但是再想想就会知道，毛衣的作用不是保暖，而是减少热量散失，因此穿毛衣的雪人实际上融化得更慢而不是更快。

同样，程序员可能会依靠简单的心智模型来阅读复杂的代码。如果代码中频繁出现指针，那么程序员也许会混合使用变量和指针的心智模型，不再区分值和内存地址。在调试包含异步调用的复杂代码时，即使之前构建的同步调用的心智模型无法充分描述异步调用，程序员也可能把这种模型作为参考。

📖 练习 6-2

　　针对某个编程概念（例如变量、循环、文件存储或内存管理），挑选两种自己了解的心智模型，并思考二者的相似性和不同点。

6.2.3　如何运用心智模型提高代码分析的效率

前几章讨论了大脑的不同认知过程。有关生活事件的记忆以及知识的抽象表征（图式）存储在长时记忆中，而思维活动在工作记忆中进行。

那么，心智模型与哪些认知过程有关呢？心智模型是存储在长时记忆中并按需提取，还是在分析代码时由工作记忆构建？了解大脑如何加工心智模型有助于我们更好地运用这些模型，因此应该予以重视。如果心智模型主要存储在长时记忆中，那么可以借助抽认卡来巩固记忆；如果心智模型由工作记忆构建，那么在使用心智模型时不妨考虑运用可视化方法来强化认知过程。

说来也怪，在探讨心智模型的第一本著作 *The Nature of Explanation* 面世后，相关研究沉寂了近 40 年时间。直到 1983 年，由不同学者撰写、书名都是 *Mental Models* 的两本著作才出版发行。两本书的作者对于大脑如何加工心智模型看法不一，接下来将进行讨论。

1. 工作记忆中的心智模型

1983 年出版的第一本探讨心智模型的著作由美国普林斯顿大学心理学教授 Philip Johnson-Laird 撰写。他认为推理时会用到心智模型，因此这种模型的载体是工作记忆。书中介绍了 Johnson-Laird 和同事为研究心智模型的应用而做过的一项实验：研究人员先请被试者听几段关于餐桌布置的描述，例如"勺子在叉子的右侧"和"盘子在刀子的右侧"，然后要求他们完成一些不相关的任务，接着给出 4 段关于餐桌布置的描述，请被试者指出哪段描述最接近他们之前听到的描述。

在要求被试者判断的 4 段描述中，两段是完全无关的描述，一段是被试者听到的描述，还有一段是可以根据餐桌布置推断出来的描述。举例来说，从"刀子在叉子的左侧"和"叉子在盘子的左侧"很容易就能推断出盘子在刀子的右侧。接下来，研究人员要求被试者从最能代表他们听到的描述入手给 4 段描述排序。

被试者普遍把他们听到的描述和可以推断出来的描述排在两项无关的描述前面。研究人员由此得出结论：被试者通过构建餐桌布置的心智模型来判断给出的描述是否正确。

Johnson-Laird 的研究带给我们一个启示：构建代码的抽象模型是提高代码分析效率的有效手段之一，因为程序员可以从模型本身入手推理代码的作用，而不必依靠观察代码这种效率较低的方式。

2. 越具体的模型效果越好

在讨论如何在推理代码时有意识地构建心智模型之前，我们先来看看 Johnson-Laird 和同事从实验中还发现了哪些有趣的事实。

研究人员给出不同类型的描述，要求被试者判断它们符合哪种餐桌布置。有些描述只符合一种餐桌布置，有些描述则符合不同的餐桌布置。以图 6-3 为例，"叉子在勺子的左侧"和"勺子在叉子的右侧"符合两种餐桌布置，而"盘子在勺子与叉子中间"只符合左侧的餐桌布置。

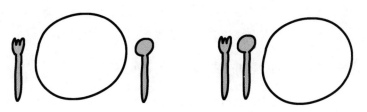

图 6-3 被试者需要判断研究人员给出的描述符合哪种餐桌布置。在本例中，
"叉子在勺子的左侧"符合两种餐桌布置

Johnson-Laird 和同事把被试者分为两组，要求第一组判断确定性描述（仅符合一种餐桌布置），第二组判断不确定性描述（符合多种餐桌布置）。比较两组被试者的表现后，他们发现第一组的正确率达到 88%，第二组的正确率则只有 58%，两者相差甚远。研究结果表明，构建更具体的模型对于推理有很大帮助。

以此类推，在程序设计中，心智模型的细节越丰富，就越容易推理当前的系统并正确处理系统的相关问题。

3. 在工作记忆中构建代码的心智模型

如前所述，构建准确而具体的心智模型有助于分析复杂的系统。由此引出一个问题：怎样构建符合条件的模型呢？如果代码很简单，那么构建心智模型可能易如反掌；但如果代码很复杂或者程序员不太熟悉代码库或领域，那么构建准确的心智模型就要付出更多心力。不过这些付出很值得，因为心智模型也许能带来丰厚的回报。

遵循以下步骤有助于程序员在工作记忆中构建复杂代码的心智模型。

第 1 步：从构建局部模型入手。

前几章讨论了如何利用状态表和依赖图等手绘模型来改善工作记忆。虽然这些局部模型只能描述代码库的一小部分内容，但也可以从两方面帮助程序员为一段更长的代码构建心智模型。首先，局部模型有助于减轻工作记忆的认知负荷，使程序员能够集中精力构建更复杂的心智模型。其次，这些较小的模型可以作为构建大型心智模型的基本要素。例如，通过分析依赖图可以发现某些密切相关的代码行，它们也许是构建心智模型的重要参照物。

第 2 步：列出代码库中所有相关对象以及对象之间的关系。

构建代码的心智模型时，程序员希望找出其中包含的元素。以某个开具发票的程序为例，描述该程序的心智模型可能存在这样的约束条件：一位用户可以有多张发票，但一张发票只能属于一位用户。请先用白板或数字化工具列出代码中出现的元素，再标出元素之间的关系，以弄清不同元素之间的相互作用，从而加深对整个系统的了解。

第 3 步：回答系统的相关问题，并根据答案来完善模型。

程序员可以根据前两步构建的心智模型来回答系统的相关问题，并执行代码以核实自己的答案是否正确。选择哪些问题需要具体情况具体分析，但以下几个常见的问题通常会有帮助。

a. 系统中最重要的元素（类、对象、页面等）是什么？心智模型是否包括这些元素？

b. 这些重要的元素之间有哪些关系？

c. 程序的主要目标是什么？

d. 这些目标与核心元素之间有哪些关系？

e. 能否给出一个典型的用例？心智模型是否涵盖这个用例？

4. 长时记忆中的心智模型

前文讨论了采用心智模型进行推理，Johnson-Laird 认为这种模型的载体是工作记忆。但其他学者的看法有所不同，他们认为负责存储心智模型的是长时记忆。

1983 年出版的第二本探讨心智模型的著作由 Dedre Gentner 和 Albert L. Stevens 撰写，两人都是研发企业博尔特·贝拉尼克-纽曼公司的研究员。与 Johnson-Laird 的观点不同，Gentner 和 Stevens 认为通用的心智模型存储在长时记忆中，而且随时都能激活。

举例来说，大脑可能保存有液体流动的心智模型，当我们把牛奶倒入玻璃杯中时就会用到这一模型。由于模型具有通用性，因此把更黏稠的煎饼面糊倒入碗里时，我们知道虽然面糊的流动情况也许与牛奶略有不同，但仍然符合液体流动的心智模型。

那么，Gentner 和 Stevens 的观点能否应用于程序设计呢？大脑可能保存有树遍历的抽象表征：从根节点开始，既可以进行广度优先遍历（遍历给定节点的所有子节点），也可以进行深度优先遍历（完全遍历各个子树）。在分析涉及树结构的程序时，大脑会激活树的通用心智模型。

从某种意义上讲，Gentner 和 Stevens 描述的心智模型类似于长时记忆存储的图式。两人认为心智模型同样存储在长时记忆中，不仅能帮助大脑组织数据，而且在遇到与先前类似的新情况时就会激活。如果程序员接触到一门从未用过的编程语言，那么"调用"之前存储的心智模型或许有助于理解这门语言中出现的树遍历。

5. 在长时记忆中构建代码的心智模型

Gentner 和 Stevens 的观点为程序员更好地运用心智模型提供了另一种思路：在阅读复杂的源代码时，重点不是构建具体的心智模型，而是掌握更多的心智模型。前几章也介绍过如何增加长时记忆存储的信息。

一种方法是使用第 3 章讨论的抽认卡：卡片一面写有编程概念，另一面写有相应的代码。如果希望记住更多心智模型以帮助推理代码，那么同样可以使用抽认卡，只是卡片包含的信息有所不同。使用这种抽认卡的目的不是增加语法概念的知识，而是扩展心智模型的数量或思考代码的方法。卡片一面写有心智模型的名称（提示），另一面写有心智模型的简要解释或图示。

使用哪些心智模型分析代码在一定程度上取决于领域、编程语言以及代码架构，但通常会考虑以下因素：

- 数据结构（例如有向图、无向图、不同形式的列表等）；
- 设计模式（例如观察者模式）；
- 架构模式（例如 MVC 模式）；
- 图（例如实体关系图或时序图）；
- 建模工具（例如状态表或佩特里网）。

借助抽认卡记忆心智模型有两个目的。一是测试对心智模型的掌握程度，类似于借助抽认卡记忆编程语法：先阅读提示，再查看解释以确认自己是否熟悉相应的概念。如前所述，每次遇到陌生的模式时，都可以考虑制作一张新的抽认卡。

二是帮助自己理解晦涩难懂的代码：逐一浏览心智模型的抽认卡，并判断是否适用于当前的代码。

例如，挑选一张树结构的抽认卡问问自己："这段代码能否用树结构来描述？"如果答案是肯定的，那么可以根据这张卡片着手构建初步的模型，也就是确定模型包括哪些节点、叶、边以及这些元素可能的含义。

📖 练习 6-3

挑选一些可能对编程有帮助的心智模型，为这些模型制作一套简单的抽认卡。在卡片的一面写下心智模型的名称作为提示，另一面写下相应的解释，并附上使用心智模型时要提出的问题。例如，由于树结构的建模对象是节点、叶和边，因此"哪些代码能用叶节点来描述？"可以作为初始问题。又如，由于在使用状态表的心智模型前需要创建变量列表，因此"什么是变量？"可以作为初始问题。

团队成员也可以一起完成这项练习，并交流各自的心智模型。如果每个人都了解彼此构建的模型，就能给讨论代码带来极大便利。

6. 心智模型既存在于长时记忆中，也存在于工作记忆中

Johnson-Laird 认为心智模型的载体是工作记忆，Gentner 和 Stevens 则认为心智模型存储在长时记忆中，这两种观点目前都得到普遍认可。尽管二者似乎相互矛盾，但是从前文的分析可以看到，两种理论都有道理，而且其实相得益彰。20 世纪 90 年代的研究表明，两种理论在某种程度上都说得通：长时记忆存储的心智模型会影响工作记忆构建的心智模型。[1]

6.3　概念机器

从 6.2 节的讨论可知，心智模型是大脑在思考问题时形成的表征。心智模型具有通用性，适用于各个领域。而在研究编程语言时，科学家也采用**概念机器**（notional machine）的概念。无论哪种事物往往都能抽象为心智模型，概念机器则是推理计算机如何执行代码时所用的模型。更准确地说，概念机器是计算机的抽象表征，可以借此分析计算机执行的操作。

在分析程序或编程语言时，程序员通常不会把计算机的详细工作过程全部纳入考虑。他们关心的不是计算机如何存储位，而是编程语言在更高的概念层面上会产生哪些影响，例如交换两个值或查找列表元素的最大值。"概念机器"一词用于描述实体计算机和抽象层面的计算机有哪些区别。

---

[1] Johnson-Laird, Khemlani. Toward a Unified Theory of Reasoning, 2013.

举例来说，Java 或 Python 的概念机器可能包括引用的概念，但不一定包括内存地址的概念。可以认为内存地址属于实现细节，采用 Java 或 Python 进行开发时不需要了解。

由此可见，概念机器未必是完整的模型，但它是对编程语言执行的一致而正确的抽象，因此不同于可能不一致或不正确的心智模型。

概念机器是解释计算机如何运行的模型，我认为这一定义清楚地反映出了概念机器与心智模型的区别。一旦程序员将概念机器内化于心并驾驭自如，概念机器便成了心智模型。对编程语言了解得越多，心智模型就越接近概念机器。

6.3.1 概念机器的定义

"概念机器"一词的含义不是特别明确，所以在讨论概念机器的示例以及如何在程序设计中运用概念机器之前，我们先来分析一下这个术语。首先，概念机器代表一种可以随时与之交互的**机器**，与为某种事物（例如物理或化学）构建的心智模型有很大不同。我们固然可以借助科学实验来认识客观世界，但也有许多时候不具备实验条件，或者至少难以安全地开展实验。例如，构建电子行为或放射性行为的心智模型时，我们很难在家里或公司配备一套安全的实验装置供研究使用。在程序设计中，程序员可以随时与概念机器进行交互，设计这种模型是为了准确理解执行代码的计算机。

其次，构成"概念机器"一词的另一个元素是**概念**，《牛津英语词典》的释义是"作为或者基于某种建议、估计或理论而存在，现实中不存在"。在分析计算机执行的操作时，程序员不会考虑所有细节，他们最关心的是构建一种假设的理想化模型来描述计算机如何运行。以某个值为 12 的变量 x 为例，程序员在大多数情况下并不关心存储值的内存地址以及指向该地址的指针，只要把 x 看作一个存在于某处、保存当前值的实体即可。概念机器是一种抽象模型，程序员可以利用这种模型从抽象层面推理计算机在特定时间的运行情况。

6.3.2 概念机器的例子

20 世纪 70 年代，英国萨塞克斯大学教授 Ben du Boulay 在研究 Logo 语言时提出了概念机器的设想。Logo 由 Seymour Papert 和 Cynthia Solomon 开发，是第一门引入**海龟**的教育编程语言："海龟"是一种可以绘制图形并通过代码控制的实体。Logo 语言的名称源自希腊单词"逻各斯"（logos），意为"话语"或"思想"。

du Boulay 率先使用"概念机器"一词阐述自己向儿童和老师讲授 Logo 语言的策略，他用"编程语言结构所隐含的计算机的理想化模型"来描述概念机器。du Boulay 提出可以借助手绘模型来理解 Logo 语言，但主要还是依靠类比。

举例来说，du Boulay 用工厂工人来类比语言执行模型。工人能够执行命令和功能，有耳朵可以听到参数值，有嘴巴可以说出输出结果，有手可以执行代码描述的行为。这种编程概念的表征最初很简单，但随着时间的推移逐渐完善，最终能够解释包括内置命令、用户定义的过程和函数、子过程调用、递归在内的整个 Logo 语言。

如前所述，概念机器旨在解释执行代码的实体机器如何运行，因此与实体机器有某些共同之处，例如二者都有"状态"的概念。如果把变量比作盒子，那么这个虚拟和概念性的盒子既可以为空，也可以"存放"值。

还有一些与硬件无关的概念机器。程序员可能考虑使用代码执行机器的抽象表征来阅读和编写代码。例如，在思考如何利用编程语言进行计算时，程序员经常把计算机的执行过程比作数学家的工作。我们以下面两个 Java 表达式为例进行讨论：

```
double celsius = 10;
double fahrenheit = (9.0 / 5.0) * celsius + 32;
```

在估算变量 fahrenheit 的值时，程序员可能会把第二行代码中的变量 celsius 替换为赋给它的值 10，然后补上括号以标明运算符优先级：

```
double fahrenheit = ((9.0 / 5.0) * 10) + 32;
```

转换后的表达式对于心算 fahrenheit 很有帮助，但这种概念机器并不代表计算机执行的计算，实际的执行过程显然有很大不同。计算机可能会将表达式 9.0 / 5.0 * 10 + 32 转换为逆波兰表达式 9.0 5.0 / 10 * 32 +，并利用栈进行计算：将 9.0 / 5.0 的结果压入栈，弹出后乘以 10，再将结果压入栈以便继续计算。这个例子清楚地表明，就算概念机器不完全正确，对分析代码也有帮助。这类概念机器称为"替换概念机器"，它比基于栈的模型更接近大多数程序员构建的心智模型。

6.3.3   概念机器适用的不同层面

前文给出了概念机器的一些例子。有些概念机器（例如替换概念机器）适合在编程语言的层面使用，并抽象出底层机器的所有细节。

有些概念机器（例如把栈比作一摞文件）则能更好地描述实体计算机如何执行程序。利用概念机器解释和理解编程概念时，最好能有意识地思考这种模型所隐藏和暴露的细节。图 6-4 简要描述了概念机器适用的 4 个抽象层面以及相应的示例。例如，"把变量抽象为盒子"适用于编程语言的层面和编译器/解释器的层面，但是会抽象出有关编译代码和操作系统的细节。

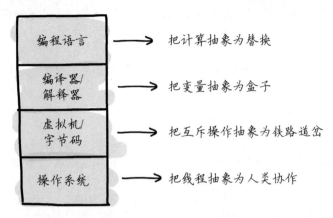

图 6-4 概念机器适用的不同抽象层面。例如，"把计算抽象为替换"会抽象出除编程语言之外的所有细节，"把线程抽象为人类协作"则侧重于描述操作系统的工作原理

推理代码时，程序员务必了解所忽略的细节。把细节抽象出来是从更高层面理解代码的有效手段，某些形式的代码分析可能会抽象出相关的细节。

📖 练习 6-4

列出概念机器的 3 个示例以及它们适用的抽象层面，将相关信息填入表 6-2 中。

表 6-2 概念机器分析

概念机器	编程语言	编译器/解释器	虚拟机/字节码	操作系统

6.4　概念机器和语言描述

程序员不仅经常借助概念机器推理计算机的运行方式，而且往往用它来分析代码。例如，虽然并不存在能够存储数值的实体，但程序员还是会将变量描述为"保存"值的实体，类似于把变量比作存放值的盒子的心智模型。

从程序设计的许多语言描述中可以找到底层概念机器的蛛丝马迹以及由此产生的一些心智模型。例如，用"打开"或"关闭"来描述文件，严格来说是指允许或禁止读取文件。又如，"指针"一词通常用于描述"指向"某个地址的对象，而函数"返回"值表示将值压入栈中供调用方（也是一种心智模型）使用。

编程语言会吸纳通常用来解释事物原理的概念机器，它们甚至已经成为语言的一部分。例如，指针的概念存在于许多编程语言中，不少 IDE 则支持程序员查看某个函数的"调用"位置。

📖 **练习 6-5**

列出程序设计中使用的另外 3 种语言描述，这些描述体现出了某种概念机器的应用以及由此产生的心智模型。

6.4.1　概念机器可以扩展

前文的讨论似乎给人留下任何时候仅有一种概念机器在起作用的印象，其实不然。编程语言未必只有一种放之四海而皆准的概念机器，而是可以包括一系列相互关联的概念机器。举例来说，在学习基本类型时，程序员可能把变量看作存放值的一个盒子；而在接触到复合类型后，程序员可能把数组看作一摞盒子，每个盒子存放一个简单值。这两种概念机器建立在彼此的基础之上，如图 6-5 所示。

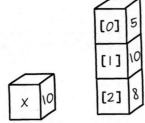

图 6-5　两种具有可组合性的概念机器：左侧的概念机器将变量抽象为一个盒子，
而右侧的概念机器将数组抽象为一摞盒子

为理解编程语言概念而构建的抽象集可以进行扩展，这种情况比比皆是。我们以支持函数的语言为例来讨论描述参数传递的概念机器。可以将没有参数的函数看作由几行代码构成的包，将包含输入参数的函数看作把一组值装进背包，然后带到调用位置的旅行者，将还包含输出参数的函数也看作把一个值装进背包的旅行者。后两种情况如图 6-6 所示。

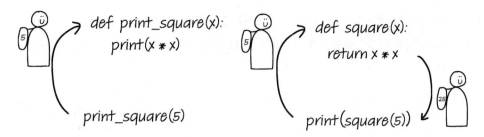

图 6-6 函数的两种概念机器：左侧的概念机器只能描述包含输入参数的函数，右侧的
概念机器还能描述包含输出参数的函数

6.4.2 不同的概念机器可能催生出相互矛盾的心智模型

从 6.4.1 节的讨论可知，某些概念机器具有可组合性，例如把变量比作一个盒子，多个盒子组合起来就是数组。然而，概念机器也可能催生出相互矛盾的心智模型。

例如，将变量描述为盒子的概念机器不同于将变量描述为名称标签的概念机器，二者无法合并为一个一致的心智模型。换句话说，变量要么抽象为盒子，要么抽象为名称标签，两种概念机器各有利弊。如果把变量比作盒子，那么就意味着一个变量可能存储多个值，类似于一个盒子可以装进多枚硬币或多颗糖果；但如果把变量比作名称标签或贴纸，则不太会产生"一个变量可以存储多个值"的想法。因为一张贴纸只能贴在一件产品上，所以一个变量只能用来描述一个值。2017 年，我和同事曾在荷兰阿姆斯特丹的 NEMO 科学博物馆做过一项旨在探索概念机器的研究。[①]496 位被试者此前没有任何编程经验，他们都参加了我们安排的 Scratch 编程入门课。Scratch 是美国麻省理工学院开发的一种积木式编程语言，很受学习程序设计的儿童欢迎，也适合他们使用。虽然这门语言的目标用户是编程"小白"，但同样提供声明变量和使用变量等高级功能。用户通过点击按钮并输入变量名来创建变量，通过使用图 6-7 所示的编程模块来设置变量。

图 6-7 在 Scratch 中将变量 points 的值设置为 0

研究期间，我和同事通过不同方式向所有被试者讲解了变量的概念：我们把一半被试者划入"标签"组，在编程入门课上用标签（类似于人的体温或年龄）来解释变量；我们把另一半被试

[①] Felienne Hermans et al. Thinking Out of the Box: Comparing Variables in Programming Education, 2018.

者划入"盒子"组，在编程入门课上用盒子（类似于存钱罐或鞋盒）来解释变量。我们在两堂课上始终采用相同的隐喻，例如给"盒子"组授课时采用"x 是否包含 5？"这样的描述，给"标签"组授课时采用"x 是否等于 5？"这样的描述。

编程入门课结束后，我们测试了被试者对编程概念的掌握程度。测试既包括对变量进行一次赋值的简单问题，也包括对变量进行两次赋值的问题，以评估被试者是否理解一个变量只能存储一个值。

研究结果清楚地表明，变量的两种隐喻各有利弊。在回答对变量进行一次赋值的简单问题时，"盒子"组的正确率更高。我们认为原因在于人们总是把东西放在盒子里，所以被试者很容易想到盒子。换句话说，把变量比作存放值的盒子在一定程度上有助于被试者理解变量的概念。而在回答变量能否存储两个值的问题时，我们发现"盒子"组的正确率较低，相当一部分人认为变量可以存储两个值。

我们从研究中得出一个重要结论，那就是不要贸然采用现实生活中的对象和操作来描述编程概念和计算机相应的工作原理。虽然这些隐喻或许有一定帮助，但也可能造成困扰——如果旧的心智模型还留存在长时记忆中或偶尔出现在工作记忆中，则更令人无所适从。

📖 练习 6-6

想一想自己在推理或解释代码时经常使用的一种概念机器。以这种概念机器为基础构建的心智模型存在哪些缺点或局限性？

6.5　概念机器和图式

虽然概念机器并非尽善尽美，但总的来说，这种模型是思考编程的有效手段，原因与前几章讨论的主题有关。逻辑清晰的概念机器将编程概念与大脑中业已形成有效图式的日常概念联系在一起。

6.5.1　图式的重要性

图式描述了长时记忆存储信息的方式。举例来说，"盒子"这个概念也许会使人产生强烈的联想。把东西放进盒子，一段时间后取出盒子，再打开看看里面装的是什么——人们可能很熟悉这些操作，所以把变量比作盒子不会增加认知负荷。但如果把变量比作独轮车则没有太大帮助，因为大多数人并不熟悉独轮车的全部特征，也没有建立起有效的心智模型。

当然，人们掌握的知识因时而异、因地而异，所以在解释某个概念时务必选择对方熟悉的类比。举例来说，大象在印度农村家喻户晓，因此在向这些地区的儿童讲解计算机的功能时，一些教育工作者会将计算机比作大象，将程序员比作驯象师。

6.5.2 概念机器是否具有语义性

本章定义概念机器的方式可能会使你想起计算机程序的**语义学**定义。语义学是计算机科学的分支，致力于研究程序的**含义**而非**语法**。那么，编程语言的概念机器是否仅仅表示其语义呢？事实并非如此。语义学旨在利用数学方程来精确描述计算机的工作原理，其目的不是抽象出细节，而是准确且完整地解释细节。换句话说，不能简单地认为概念机器等同于语义学。

6.6 小结

- □ 表征问题的方式在很大程度上会影响思考问题的方式。如果把客户看作列表而非集合，那么存储和分析客户对象的方式也会随之变化。
- □ 心智模型是大脑在思考问题时形成的心智表征。多个相互矛盾的心智模型可以共存。
- □ 概念机器是描述实体计算机如何运行的抽象模型，可以用来解释编程概念和分析代码。
- □ 程序员可以借助概念机器将现有的图式应用于编程，从而帮助自己理解编程概念。
- □ 不同的概念机器有时相得益彰，有时则可能催生出相互矛盾的心智模型。

## 第 7 章

迷思概念：错误的思维方式

7

内容提要

❑ 解释掌握一门编程语言为什么有助于学习另一门编程语言

❑ 讨论学习第二门编程语言时如何避免犯错

❑ 分析迷思概念的成因以及它们会导致哪些错误

❑ 探讨思考问题时如何避免迷思概念并防止出现错误

从前几章的讨论可知，可以借助状态表、依赖图、框架、心智模型等方法改善工作记忆并解决编程问题。但无论这些方法对大脑的帮助有多大，也无法保证程序员在思考代码时绝对不会犯错。

本章侧重于讨论错误。错误有时源于粗心大意，例如忘记关闭文件或拼错文件名，但更多情况下是由思维方面的错误所致——程序员可能不知道文件使用完毕后需要关闭，或认为编程语言会自动关闭文件。

本章从学习多门编程语言入手进行讨论。由于不同的语言对各种概念的约定不尽相同，因此程序员在学习新语言的过程中可能会形成许多错误假设。例如，就算程序员不使用 file.close() 函数，Python 也能关闭通过 open() 函数打开的文件；C 语言的要求则有所不同，程序员必须使用 fclose() 函数来关闭流。

本章前半部分致力于讨论如何尽可能运用现有知识来增强学习新语言的效果，并给出避免因语言差异而产生挫败感和错误的方法。本章后半部分则聚焦于和代码有关的错误假设。我们将介绍程序设计中特有的各种迷思概念（misconception[①]），并深入剖析它们的根源。了解大脑可能形成的迷思概念有助于程序员及早发现代码错误，也许还能把某些错误扼杀在萌芽状态。

---

① misconception 指学习者头脑中与科学概念不一致的认识，可译为"迷思概念"或"错误概念"。相对于直译为"错误概念"，"迷思概念"这一译法在强调与科学概念不相容的同时，能够避免对这类概念的全盘否定。——译者注

7.1 为什么学习第二门编程语言比学习第一门编程语言更容易

从前几章的讨论可知，长时记忆存储的关键字和心智模型有助于程序员理解代码。某些情况下，人们掌握的知识在其他领域也有用武之地，这种情况称为**迁移**。如果现有知识对学习新知识起到促进作用，则会产生迁移。举例来说，国际跳棋和国际象棋的某些规则类似，所以如果知道怎么下国际跳棋，那么就更容易学会下国际象棋。同样，如果程序员了解 Java，那么学习 Python 时就不会感到吃力，因为已经熟悉变量、循环、类、方法等基本的编程概念。此外，编程时掌握的某些技能（例如调试器或性能分析工具的用法）在学习第二门语言时很可能会派上用场。

长时记忆存储的编程知识可以从两方面促进新概念的学习。首先，如果已经对程序设计（或其他任何领域）有深入了解，那么学习时就更容易做到举一反三。长时记忆存储的信息能够促进新知识的学习，这种情况称为**学习中迁移**（transfer during learning）。

从第 2 章的讨论可知，大脑接收到的新信息会从感觉记忆进入短时记忆，随后进入工作记忆进行加工。这个过程如图 7-1 所示。在思考新的编程概念时，大脑不仅会激活工作记忆，还会激活长时记忆并开始检索相关信息。

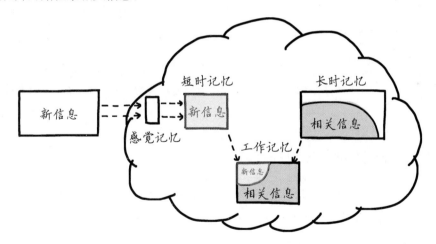

图 7-1　新信息先后进入感觉记忆和短时记忆，再进入工作记忆进行加工。与此同时，大脑在长时记忆中检索相关信息，并把找到的信息转移到工作记忆，以增强信息加工的效果

观察图 7-1 可以看到，大脑在检索长时记忆时也许会发现与新信息有关的信息，例如程序性记忆、图式、计划或情景记忆。如果能找到相关信息，那么大脑会将其转移到工作记忆。

举例来说，在学习 Python 的方法时，熟悉 Java 的程序员可能会想到 Java 的方法。尽管两门语言的方法在用法上略有不同，但 Java 的经验有助于缩短学习 Python 方法的时间。

第 3 章曾经介绍过运用精细加工来学习新概念。精细加工是主动将新信息与已知信息联系起来的一种实践。这种实践之所以有效，是因为主动在长时记忆中检索相关信息能提高找到相关信息的概率，从而为完成当前的任务提供帮助。因此，精细加工实践可以促进学习中迁移。

📖 **练习 7-1**

　　想一想最近学过的一个编程概念或库。哪些已经掌握的概念对学习新概念有帮助？

其次，长时记忆存储的知识还能通过**学习迁移**（transfer of learning）起到促进作用。如果已经掌握的知识可以应用于完全陌生的情境，则会产生学习迁移。在认知科学领域，"迁移"和"学习迁移"往往是同义词。

学习迁移有时发生在不经意间。例如，我们选购新裤子时不会考虑如何系纽扣。无论是否见过这条裤子和纽扣，系纽扣都是一种下意识的动作。同样，在选购新的笔记本计算机时，我们不用想也知道怎样使用键盘，与是否用过这种型号的笔记本计算机没有关系。学习迁移也可能有意识地发生。以学习新的编程语言为例，具备 Python 背景的程序员在学习 JavaScript 时可能会明确思考以下问题："我知道 Python 通过缩进来区分循环体，那么 JavaScript 是否也有类似的规定呢？"

学习迁移和学习中迁移存在相似之处，因为大脑都会在长时记忆中检索可以用来促进学习的相关策略。

7.1.1　充分挖掘现有编程知识的潜力

相信不少专业程序员有过知识可以迁移却没有迁移的经历：程序员最初也许不清楚某个库中某些函数的用法，后来发现它们的功能与其他库中自己已经了解的函数完全相同。遗憾的是，有用的知识不一定都能自动迁移到新情境。

从一项任务到另一项任务的学习迁移存在很大差异，而且受到诸多因素的影响。影响迁移量的因素如下。

- ❑ **掌握**：针对任务的熟悉程度，完成任务所需的知识已经存储在长时记忆中。越了解一项任务，就越有可能将其应用到其他领域。以学习 Python 为例，资深 Java 程序员可能比新手 Java 程序员更容易从先验知识中获益。从前几章的讨论可知，资深程序员掌握大量策略、组块和心智模型，因此可以运用这些知识解决各类编程语言的问题。

- ❑ **相似性**：两项任务之间的共同点。例如，与使用陌生的编程语言实现自己不熟悉的算法相比，使用陌生的编程语言实现自己熟悉的算法更容易。
- ❑ **情境**：环境的相似程度。任务之间的相似性很重要，执行任务的情境也很重要。如果坚持使用同一种 IDE 来编写不同语言的程序，那么语言之间更有可能产生迁移，这就是不建议随便更换 IDE 的原因。然而，除了使用的软件是否相同，程序员是否在一起工作也很重要。相似之处越多，发生知识迁移的可能性就越大。
- ❑ **关键属性**：在多大程度上了解可能从哪些知识中获益。如果告诉程序员掌握 JavaScript 对学习 Python 有一定帮助，那么他们就更有可能主动寻找两门语言的相似之处。因此，在学习新语言或新框架之前，主动发掘并思考新任务与现有知识之间的共同点十分重要。
- ❑ **联想**：在多大程度上感受到任务之间的相似程度。例如，虽然 Java 和 JavaScript 并不一样，但是两门语言的名称里都有"Java"，因此在长时记忆中，Java 与 JavaScript 之间的联系可能比 Python 与 Scala 之间的联系更强。情景记忆（有关个人经历的记忆）也会在一定程度上影响迁移。如果程序员是在同一间阶梯教室里学习的 Java 和 C#，那么二者在情景记忆中的联系可能强过在不同环境里学习这两门语言时所产生的联系。
- ❑ **情绪**：对任务的感觉。情绪同样是影响迁移的因素之一。如果与二叉树打交道的经历令程序员感到愉悦，那么他们在执行新任务时可能会更积极地使用二叉树。

7.1.2 不同的迁移类型

可以从不同的角度看待迁移。了解不同的迁移类型能够帮助程序员更合理地预测编程语言之间产生的迁移。程序员有时认为编程语言的语法无关紧要，能掌握一门语言就能轻松学会第二门语言，甚至可以不费吹灰之力学会第三门语言。掌握一门语言确实有助于降低学习另一门语言的难度，但未必总能起到促进作用。了解不同的迁移类型可以为提高学习新语言或新框架的效率铺平道路。

1. 低阶迁移和高阶迁移

低阶迁移（low-road transfer）指无意识地将已经掌握的技能应用于新情境。以程序设计为例，如果程序员在换用新的 IDE 后不假思索地按下"Ctrl+C"和"Ctrl+V"，则表明产生低阶迁移的可能性很大。**高阶迁移**（high-road transfer）指有意识地将已经掌握的技能应用于新情境。大脑往往可以觉察到高阶迁移的产生。例如，程序员知道声明变量是大多数语言的规定，所以在使用一门新语言进行开发时可能也会这样做。

2. 近迁移和远迁移

如前所述，两个领域的接近程度会影响迁移量，因此领域之间的差异也可以作为划分迁移类型的标准。**近迁移**（near transfer）指将已经掌握的知识应用于相似的领域，例如微积分与代数、C#与 Java 之间的迁移。**远迁移**（far transfer）指将已经掌握的知识应用于差异较大的领域，例如拉丁语与逻辑学、Java 与 Prolog 之间的迁移。由于相似性是影响迁移的因素之一，因此产生远迁移的可能性远小于近迁移。

📖 练习 7-2

回忆一下自己经历过的迁移，想一想它们属于哪种类型，并把结果填入表 7-1 中。

表 7-1　不同的迁移类型

情　　境	低阶迁移	高阶迁移	近　迁　移	远　迁　移

7.1.3　已经掌握的知识：是福还是祸

除了低阶迁移和高阶迁移以及近迁移和远迁移这两种划分方法，也可以把迁移划分为两大类。7.1.2 节讨论的 4 种迁移对于学习新知识或完成新任务具有促进作用，因此属于**正迁移**（positive transfer）。

正迁移发生时，大脑可以利用长时记忆已经存储的其他心智模型，所以不必从头开始为新情境构建全新的心智模型。举例来说，熟悉 Java 的程序员已经建立起循环结构的心智模型，知道循环结构由计数器变量、循环体和终止条件这 3 个要素构成。由于大部分编程语言的循环结构包括这些要素，因此程序员在学习新语言时很清楚如何构建循环结构的心智模型。但程序员可能已经发现，并不是所有迁移都能起到促进作用。如果现有知识妨碍到学习新知识，则会产生**负迁移**（negative transfer）。提出迪杰斯特拉算法的荷兰计算机科学家艾兹赫尔·韦伯·迪杰斯特拉以反对教授 BASIC 而著称，他认为这门语言"会摧毁大脑"。

虽然我完全不认同学习某门编程语言会彻底毁掉大脑，但是迪杰斯特拉的观点也不无道理，因为错误可能来自不正确的假设，而不正确的假设可能源于负迁移。例如，Java 变量遵循"先赋值，后使用"的原则，经验丰富的 Java 程序员或许认为 Python 也是如此：所有变量必须经过初始化，否则编译器会报错。这类负迁移不仅会困扰程序员，还可能成为错误的导火索。

即使是相似性很高的编程语言，也存在发生负迁移的风险。以 Java 和 C#为例，这两门语言的心智模型虽然相似，但不完全一样。例如，Java 的**受检异常**是编译期间抛出的异常，需要使用 `try-catch` 块进行处理，否则代码无法编译。受检异常是 Java 特有的语言特性，C#程序员在学习 Java 时未必能意识到这类异常与自己熟悉的异常有所不同，以致构建的心智模型有误却全然不知。

忘记初始化变量或没有正确处理异常不算什么大问题，很容易就能解决，但负迁移也可能带来更深层次的影响。举例来说，许多熟悉面向对象语言的程序员在学习 F#这类函数式语言时会感到力不从心，因为虽然两种范式都有函数的概念，但用法并不相同。

📖 练习 7-3

想一想自己是否曾经对某门编程语言的某个概念做过不正确的假设，这些错误能否归因于从一门语言到另一门语言的负迁移。

7.1.4 迁移有难度

从 7.1.3 节的讨论可知，知识迁移既可以表现为起到促进作用的正迁移，也可以表现为起到阻碍作用的负迁移，而且并非所有迁移都属于正迁移。除非情境之间具有足够的相似性，否则很难产生迁移。远迁移指知识从一个领域"跳到"另一个不太相似的领域，自发产生这种迁移的可能性很小。

遗憾的是，研究表明迁移确实有难度，而且大多数情况下不会自动产生。许多人往往认为国际象棋的知识具有可迁移性，因此觉得学习下棋有助于提高一般智力、逻辑推理能力和记忆力，但科学研究的结果给这些假设泼了一盆冷水。第 2 章曾经讨论过荷兰数学家 Adriaan de Groot 所做的实验：他要求职业棋手和普通棋手用几秒的时间扫视给出的棋局，然后凭记忆还原棋局。实验结果表明，在还原毫无规律、胡乱摆放的棋局时，职业棋手并没有表现出优于普通棋手的记忆力。其他研究也证实了这一点，而且发现职业棋手未必更擅长记忆数字或图形。此外，国际象棋的知识似乎不会迁移给伦敦塔（类似于汉诺塔）等其他逻辑游戏。

国际象棋如此，程序设计似乎也是如此。不少程序员认为，学习编程可以获得逻辑推理能力，甚至还能提高一般智力。但是在研究编程的认知影响后，科学家发现了与国际象棋类似的结果。1987 年，以色列特拉维夫大学教育心理学家 Gavriel Salomon 分析了其他学者针对编程教育有哪些影响所做的研究，发现大多数学者认为编程教育对认知的影响几乎可以忽略不计。许多研究表明，虽然学习编程确实有助于儿童掌握一定的编程技能，但这些技能似乎并没有迁移到其他认知领域。

由此可见，掌握一门编程语言在学习另一门编程语言时未必能派上用场。这个结论可能令人失望，因为在已经精通一门语言的程序员看来，学习新语言时也许不必再像初学者那样采用循序渐进的策略和方法（例如使用抽认卡学习语法）。我的建议是，如果程序员计划学习一门新语言以拓展思维方式，那么目标语言最好与自己已经掌握的语言完全不同。换句话说，应该避免使自己欣赏音乐的品位从"乡村音乐"扩大到"西部音乐"（因为西部音乐仍然属于乡村音乐的范畴）。

但是从本节的讨论可知，产生远迁移（例如从 SQL 到 JavaScript 的迁移）的可能性很小。在学习一门新语言时，程序员也许要掌握大量新语法和新策略才能像已经掌握的语言那样做到游刃有余。实践也可能有所不同。例如，JavaScript 的重用和抽象完全不同于 SQL，所以具有 JavaScript 背景的程序员在学习 SQL 时必须调整自己的思路。

有意识地注意两门语言的异同可以降低学习新语言的难度。

📖 练习 7-4

挑选一门你正在学习或准备学习的编程语言，并与已经掌握的语言进行比较，思考这些语言的相似性和不同点。

将结果填入表 7-2 中，以帮助自己厘清思路，并找出可能产生迁移的情境和学习过程中需要特别注意的方面。

表 7-2   不同编程语言的异同

	相 似 性	不 同 点	备 注
语法			
类型系统			
编程概念			
运行时			
编程环境/IDE			
测试环境/实践			

7.2　迷思概念：思维中存在的错误

本章前半部分侧重于讨论知识在两种情境之间的迁移。如果已经掌握的知识妨碍到完成新任务，则会产生负迁移。本节将讨论负迁移的影响。

没有以正确的方式初始化实例、函数调用有误、列表中出现差一错误等情况都会引起错误。这些错误可能源于简单的疏忽，例如偶尔忘记某些代码、方法选择有误或边界值计算不正确。

然而，错误也可能有更深层次的原因，那就是程序员对当前代码所做的假设有误：也许他们觉得实例应该在代码中的其他位置完成初始化，也许他们坚信选择的方法正确无误，也许他们认为所用的数据结构可以确保不会出现元素访问越界的情况。如果程序员坚信程序可以跑通却仍然无法跑通，则表明他们可能受到了**迷思概念**的困扰。

在日常会话中，"迷思概念"一词往往等同于"错误"或"困惑"，但这个术语的正式定义略有不同。某种认知只有满足以下条件才属于迷思概念：

❏ 不正确；
❏ 在不同的情况下始终存在；
❏ 使人坚信不疑。

迷思概念比比皆是。例如，许多人认为辣椒籽是辣椒最辣的部分，但它其实一点儿都不辣。这种认知满足以下条件，因此属于迷思概念：

❏ 不正确；
❏ 假如人们认为一种辣椒籽很辣，就会认为所有辣椒籽都很辣；
❏ 人们相信自己的判断正确无误，并据此行事（例如在烹饪前去掉辣椒籽）。

"辣椒籽很辣"这个迷思概念完全是以讹传讹的结果，但负迁移往往会成为迷思概念的催化剂。举例来说，许多人认为烤肉可以"封住肉汁"，理由是其他食物（例如鸡蛋）的外表面在加热时会出现凝固现象。在这些人看来，热量总是能形成一道坚固的"屏障"，从而封住食物中的水分。如果一种食物的知识没有正确迁移给另一种食物，就会形成迷思概念——实际上，烤肉会导致水分流失得更快。

迷思概念在程序设计中也很常见。有些编程新手认为，变量（例如 `temperature`）只能存储一个值，而且无法重新赋值。虽然这种假设在资深程序员看来或许很荒谬，但编程新手这样想是有原因的。例如，他们可能把有关数学的先验知识迁移给程序设计，而在数学证明或练习的范畴内，变量确实不会发生变化。

这种迷思概念还可能源于程序设计本身。我接触过一些了解文件和文件系统的学生，他们就把对文件的认识错误地迁移给了变量。由于操作系统通常不支持（在同一个文件夹里）创建两个同名文件，因此学生可能误认为变量 temperature 已经被占用，无法再存储第二个值，就像文件名具有唯一性一样。

7.2.1   通过概念转变来消除迷思概念

迷思概念是大脑坚信不疑的思维错误。由于迷思概念根深蒂固，因此很难改变。一般来说，仅仅意识到思维方面的错误还不够，如果希望摆脱迷思概念，就要用新的思维方式取代不正确的思维方式。也就是说，告诉编程新手变量值可以改变只是一方面，帮助他们重新理解程序设计中的变量概念才能从根本上解决问题。

当程序员借鉴已经掌握的语言来学习新语言、但原先的知识未必适用时，就可能形成迷思概念。为新语言构建正确的心智模型并用它来取代原有语言的迷思概念称为**概念转变**（conceptual change）。在这种范式中，新知识会从根本上改变、取代或吸收现有的概念。概念转变不是在已有的图式中加入新知识，而是知识发生变化，正是这种变化将概念转变与其他类型的学习区分开来。

这意味着大脑需要调整长时记忆存储的现有知识，导致概念转变学习比常规学习的难度更大。这就是迷思概念会长时间存在的原因，仅仅了解为什么思维方式不正确往往无济于事或没有太大帮助。

因此，在学习新的编程语言时，程序员必须下大力气"忘掉"现有的编程语言知识，也就是进行忘却学习（unlearning）。举例来说，具备 Java 背景的程序员在学习 Python 时不得不忘掉 Java 的某些语法规定，例如定义变量时必须始终指定类型。有些实践也要忘掉，例如编程时依靠变量类型进行决策。尽管记住"Python 是动态类型语言"这个简单的事实并不难，但学会在编程时考类型需要进行概念转变，所以可能要花很长时间。

7.2.2   抑制迷思概念

你是否还记得第 6 章讨论过的"雪人问题"：与没有穿毛衣的雪人相比，穿毛衣的雪人融化得更快还是更慢？有人一开始也许认为融化速度会加快，毕竟穿上毛衣更暖和，其实不然。毛衣可以减少热量散失，从而延缓雪人的融化过程，因此穿毛衣的雪人融化得更慢。

大脑可能在第一时间激活一个现有的概念：毛衣能保暖。这个概念适用于人类（温血动物），但无法迁移给雪人，和你聪明不聪明没有关系。

人们长期以来一直认为，在探索事物规律的过程中，那些陈旧、错误的概念会从记忆中永远消失，代之以更合理、更准确的概念。从我们对大脑的了解来看，事实并非如此。科学家目前认为，记忆既不会消失，也不会被新的记忆取代。确切地说，记忆提取将随着时间的推移而减少，但关于错误思维方式的记忆依旧存在。即使我们不希望大脑唤醒陈旧的记忆，这种情况也仍然可能发生。

研究表明，就算能成功运用正确的概念解决问题，人们还是会经常依靠原先的概念。以色列耶路撒冷希伯来大学教授 Igal Galili 和 Varda Bar 发现，学生们能够熟练运用力学知识解决熟悉的问题，在面对更复杂的问题时却采用更基本但不正确的推理方式。[1]这说明多个概念可以同时存在于记忆中，"雪人问题"就是一例：大脑既保存"毛衣能保暖"的概念，也保存"毛衣能隔热"、因此可以御寒的概念。在思考毛衣是否会导致雪人的温度升高时，两种概念会相互"打架"，所以只有主动抑制"毛衣能保暖"的概念才能得到正确的结论。如果依靠推理而不是凭借直觉进行判断时出现"稍等片刻"的感觉，则表明大脑可能在努力抑制不正确的想法。

科学家虽然不清楚大脑究竟如何决定使用哪种已有的概念，但认为**抑制**在决策过程中会起到一定作用。抑制往往与自我意识、克制或害羞感联系在一起，但学界近年来开始接受这样一种观点：当抑制性控制机制处于活跃状态时，正确的概念就可能"战胜"错误的概念。

📖 练习 7-5

你是否对某门编程语言的某个概念产生过迷思概念？拿我自己来说，有件事曾令我尴尬不已：我在很长一段时间里认为所有函数式语言都支持惰性求值，进而认为支持惰性求值的语言一定属于函数式语言，因为我当时只了解一种支持惰性求值的函数式语言：Haskell。那么，你有哪些存在已久的迷思概念？它们的根源何在？

7.2.3　与编程语言有关的迷思概念

针对编程领域的迷思概念，尤其是初级程序员头脑中的迷思概念，科学家进行了广泛研究。Juha Sorva 目前是芬兰阿尔托大学的高级讲师，他在 2012 年的博士论文中列举了编程新手可能存

---

[1] Igal Gaili, Varda Bar. Motion Implies Force: Where to Expect Vestiges of the Misconception, 1992.

在的 162 种迷思概念。[①]这些迷思概念都来自其他学者的研究。完整的列表很有意思，值得一读，而我认为以下几种迷思概念尤其值得注意。

- **15 号迷思概念：基本类型的赋值会存储方程或未解析的表达式。** 受到这种迷思概念的困扰，程序员认为变量赋值会存储变量之间的关系。以表达式 `total = maximum + 12` 为例，有些程序员误认为 `total` 的值与 `maximum` 的值以某种方式联系在一起。

  程序员由此得出结论：如果今后在代码中修改 `maximum` 的值，那么 `total` 的值也会随之改变。这种迷思概念的有趣之处在于完全说得通，因为有些编程语言确实在一定程度上把变量之间的关系表示为方程组，Prolog 就是一例。

  15 号迷思概念往往见于具有数学背景的程序员。与之相关的一个迷思概念是前文讨论的"变量只能存储一个值"：就数学领域而言，变量确实不会发生变化。

- **33 号迷思概念：一旦条件变为假，`while` 循环就会结束。** 这种迷思概念反映出程序员对于程序何时检测 `while` 循环的终止条件感到困惑。受到这种迷思概念的困扰，程序员认为程序在执行每一行代码时都会检查终止条件，当条件变为假时便立即结束循环。这种迷思概念可能与关键字 `while` 的含义有关。如果有人说"下雨时我就坐在这里看书"（I will sit here and read my book **while** it is raining），那么我们认为说话者会随时注意天气变化，雨一停就起身离开，不会读完整本书再走。33 号迷思概念既不代表程序员对 `while` 循环的用法一头雾水，也不代表他们对程序设计的原理一无所知。在程序员看来，既然编程语言的关键字是英语单词，那么其含义应该也和英语单词类似，这种假设显然说得通。

  33 号迷思概念表明，英语单词（关键字）的含义可能会妨碍到程序员理解编程概念。我们也可以设想这样一种编程语言：程序会持续检测 `while` 循环的终止条件，一旦条件变为假便立即结束循环。

  与之相关的一个迷思概念是"变量名会影响变量保存的值"。例如，有些程序员认为名为 `minimum` 的变量只能存储最小值，不能存储最大值（这是 Sorva 在论文中列出的 17 号迷思概念）。

---

① 参见"Visual Program Simulation in Introductory Programming Education"（编程入门教育中的可视化程序模拟）的表 A-1。

❑ **46 号迷思概念：调用和签名需要使用不同的变量名以传递参数**。受到这种迷思概念的困扰，程序员往往认为变量名不能重复使用，方法/函数内部的变量名也是如此。在学习编程时，程序员知道变量名具有唯一性：如果需要创建一个新变量，那么也需要定义一个新名称。但是在讨论方法/函数及其调用时，"变量名只能使用一次"的限制不再成立，而程序员也许一时还不习惯方法/函数内外的不同变量可以使用相同的名称。其实，这种做法不仅允许，而且相当普遍，在方法/函数的介绍性示例中屡见不鲜。例如，讲师经常使用下面这样的代码来解释函数。

```
def square(number):
    return number * number

number = 12
print(square(number))
```

实际开发中也会遇到类似的代码。举例来说，支持方法抽取功能的 IDE 在定义和调用方法/函数时基本都会复制变量名，所以这种实践在生产环境中随处可见，这可能是讲师以此为例的原因。46 号迷思概念揭示出了在编程语言内部迁移的迷思概念，它之所以有趣，是因为这种迷思概念与程序员已经掌握的数学或英语知识无关。在了解某门编程语言的某个概念后，程序员获得的相关知识有时甚至不能迁移给同一门语言的其他概念。

7.2.4 在学习新的编程语言时避免形成迷思概念

面对迷思概念，程序员的办法不多。负迁移在学习新语言或新系统的过程中无法避免，但有些策略也许能减轻迷思概念产生的影响。

首先，应该明白，即使充分相信自己的水平，也不能保证自己的判断就一定正确，所以做到心态开放、不抱成见很重要。

其次，建议程序员有意识地研究常见的迷思概念以少走弯路。确定何时做出的假设有误以及哪些假设有效并不容易，因此列出常见的迷思概念并在学习时进行对照也许有一定帮助。练习 7-5 有助于程序员初步了解自己在哪些领域可能形成迷思概念，而 Sorva 列出的迷思概念可以作为学习语言时避免"踩坑"的指导方针。在学习新语言的过程中，建议程序员对照这份列表来确定可能存在的迷思概念。

最后，如果能找到按照相同顺序学习同一门编程语言的程序员，那么不妨听听他们的建议。每对编程语言都会相互影响，从而催生出不计其数的迷思概念。受篇幅所限，这里不再一一列出。向可能踩过同一个"坑"的程序员请教大有裨益。

7.2.5   判断代码库中存在的迷思概念

到目前为止，我们主要讨论了编程语言中普遍存在的一些迷思概念。如果先验知识妨碍到学习新语言（负迁移），就可能会形成迷思概念。

程序员使用的代码库同样可能成为迷思概念的来源。每当程序员根据之前的编程经验（例如语言、框架、库、代码领域、变量名和其他标识符的含义）或其他程序员的想法对代码做出假设时，都可能形成迷思概念。

结对编程或小组编程是排查迷思概念的手段之一。如果大家相互交流各自的想法和假设，那么很快就能找到矛盾之处以及存在迷思概念的程序员。

尤其对资深程序员（以及任何领域的权威人士）来说，意识到自己的错误并不容易，因此应该随时运行代码或利用测试套件来核实自己所做的假设是否正确。如果坚信某个值不会小于零，那么不妨编写一项测试加以验证。测试既能帮助程序员判断自己的假设正确与否，也能作为证明这个值确实始终大于零的文档。重要之处在于这些信息今后可以传递给程序员，因为从本章的讨论可知，即使已经建立起正确的模型，迷思概念也很难从记忆中抹去，而且时不时就会重新出现。

因此，文档是避免迷思概念的另一种手段。如果程序员发现自己对代码库中某个方法、函数或数据结构的认识有误，那么除了编写测试，还可以考虑在相关位置添加文档，以提醒自己和他人不要重蹈覆辙。

7.3   小结

- ❑ 长时记忆存储的知识可以迁移到新情境。如果现有知识对学习新知识或完成新任务起到促进作用，则表明产生了正迁移。
- ❑ 如果现有知识对学习新知识或完成新任务起到阻碍作用，那么两个领域之间的知识迁移就属于负迁移。
- ❑ 主动在长时记忆中检索相关信息（例如运用第 3 章讨论的精细加工实践）有助于增强正迁移的效果，从而提高学习新知识的效率。
- ❑ 如果程序员确信自己的判断正确但其实不正确，则表明他们可能受到迷思概念的困扰。
- ❑ 仅仅认识到自己的判断不正确很难彻底消除迷思概念。如果希望纠正迷思概念，就要用新的心智模型来取代陈旧、错误的模型。
- ❑ 即使大脑建立起正确的模型，迷思概念也依然可能再次出现。
- ❑ 在代码库中编写测试和文档有助于消除迷思概念。

Part 3

代码编写

第一部分和第二部分讨论了短时记忆、长时记忆和工作记忆在阅读代码和思考代码时所起的作用。

第三部分的讨论重点将转向构建优质代码，包括如何提高代码可读性以及如何避免含义不明确的标识符和代码异味。我们还将探讨怎样在解决复杂的问题时提高代码编写技巧。

## 第 8 章

提高命名的质量

内容提要

□ 比较与良好命名实践有关的不同观点

□ 理解标识符与认知过程之间的关系

□ 探讨不同命名约定的影响

□ 分析糟糕的标识符会产生哪些负面影响

□ 讨论如何命名变量对理解最有利

第一部分介绍了代码阅读所涉及的不同认知过程：长时记忆负责长期存储信息并在需要时提取出来，短时记忆负责暂时存储信息，工作记忆则负责加工信息。第二部分剖析了代码思考方法、构建与代码有关的心智模型以及程序设计中的各种迷思概念。而在探讨代码阅读和代码思考后，第三部分将聚焦于代码编写过程。

本章致力于分析如何以最恰当的方式来命名变量、类和方法。我们已经了解大脑如何加工代码了，因此可以从更高层次理解命名对于代码理解的重要性。高质量的标识符犹如指路明灯，便于大脑从长时记忆中检索出已经掌握的代码领域的相关信息；低质量的标识符则可能导致程序员误判代码，从而产生迷思概念。

命名的重要性毋庸置疑，但取个好名也相当不易。进行方案建模、问题解决等活动时，工作记忆需要全力构建心智模型并利用模型来推理代码，因此大脑也许会承受很高的认知负荷。这种情况下，构思一个优雅的标识符极有可能加重认知负荷，这与大脑减轻认知负荷的努力背道而驰。因此从认知的角度讲，选择简单的标识符或占位符名称以避免工作记忆出现过载情况也不无道理。

本章旨在深入剖析命名的重要性和困难性。在介绍命名和认知加工的基础知识后，我们将从两方面详细探讨标识符对编程的影响。本章首先分析哪些类型的标识符更有利于代码理解，然后讨论糟糕的标识符会产生哪些负面影响，最后给出具体的命名准则。

8.1 命名为什么重要

构思一个优雅的标识符相当困难。前网景公司程序员 Phil Karlton 有句名言：缓存失效和取名是计算机科学领域的两大难题。诚如 Karlton 所言，取名往往令许多程序员焦头烂额。

用一个含义明确的单词来完整概括某个类或数据结构的作用并不容易。为了解取个没有歧义的名称到底有多难，以色列耶路撒冷希伯来大学计算机科学教授 Dror G. Feitelson 在 2020 年做过一项实验。他找来 334 位被试者，要求他们在不同的编程场景中命名变量、常量、数据结构、函数以及函数参数。参与实验的人员既包括学生，也包括平均拥有 6 年工作经验的专业程序员。实验结果表明，取名确实很难，起码选择其他人也选择的名称并不容易。Feitelson 发现，两位被试者很少会选择同一个名称。总体而言，对于 47 个需要命名的对象（变量、常量、数据结构、函数以及函数参数），两位被试者选择相同名称的中位数概率仅为 6.9%。

虽然取名很难，但为所推理的对象选择合适的名称很重要。在深入讨论命名与大脑的认知过程之间存在哪些联系前，我们先来分析一下命名的重要性。

8.1.1 命名的重要性何在

本章讨论的标识符指代码库中由程序员命名的所有内容，包括分配给类型（类、接口、结构体、委托或枚举）、变量、方法/函数、模块、库以及命名空间的名称。标识符的重要性主要体现在以下 4 个方面。

1. 标识符是代码库的重要组成部分

标识符之所以重要，是因为它在大多数代码库中占有很大比例。例如，Eclipse 的源代码约有 200 万行，其中 33% 的标记和 72% 的字符属于标识符。[1]

2. 标识符在代码审查中起到一定作用

标识符不仅频繁出现在代码中，而且是程序员经常讨论的话题。Miltiadis Allamanis 目前在微软剑桥研究院担任研究员，他曾经研究过代码审查中提及标识符的频率。在分析 170 多条审查和 1000 多条注释后，Allamanis 发现 25% 的代码审查包含与命名有关的注释，而关于标识符的注释占比为 9%。

[1] Florian Deissenbock, Markus Pizka. Concise and Consistent Naming, 2005.

3. 标识符是最常见的文档类型

虽然正式的代码文档可能提供更多背景信息,但作为代码库的重要组成部分,标识符也是一种重要的文档类型。从前几章的讨论可知,将分散于各处的信息拼凑起来会增加认知负荷,所以程序员会尽量避免浏览代码库之外的文档。正因为如此,代码注释和标识符是阅读频率最高的"文档"。

4. 标识符可以充当信标

从前几章的讨论可知,信标是程序的一部分,有助于不熟悉代码的程序员理解代码的作用。除了注释,变量名也是帮助代码阅读者理解程序的重要信标。

8.1.2　与命名有关的不同观点

取个好名十分重要。许多研究人员尝试给出衡量标识符质量的标准,他们的观点各不相同。在讨论这些不同的观点之前,请先调动你的长时记忆,通过以下练习评估自己对标识符的了解。

📖 练习 8-1

在你看来,哪些标识符称得上清晰易懂、可读性强?能否给出一个相关的示例?

哪些标识符称得上含糊不清、可读性差?能否认为不是高质量的标识符就是低质量的标识符?糟糕的标识符具有哪些特征?你在实际开发中是否遇到过这样的标识符?

讨论完命名的重要性之后,我们接下来分析一下什么是良好的命名实践,研究命名的学者对此提出了两种观点。

1. 标识符应该遵循语法规则

有学者认为,命名时应该遵循某些语法规则。如表 8-1 所示,英国开放大学副高级讲师 Simon Butler 在研究糟糕的标识符后整理出一份问题清单。

表 8-1　糟糕的命名约定

问题描述	解　　释	反面示例
首字母大写有误	标识符应该遵守一致的首字母大写规定	`page counter`
使用连续的下划线	标识符不宜包括多条连续的下划线	`page__counter`
未使用词典单词	标识符应该使用词典中出现的单词,且仅在缩写比完整的单词更常用时才使用缩写	`pag_countr`

（续）

问题描述	解　释	反面示例
标识符过长	标识符不宜超过 4 个单词	`page_counter_converted_and_` `normalized_value`
标识符过短	标识符不宜少于 8 个字符（c、d、e、g、i、in、 inOut、j、k、m、n、o、out、t、x、y、z 除外）	`P, page`
枚举标识符的声明 顺序有误	除非另有原因，否则枚举类型应该按照字母顺序 进行声明	`CardValue = {ACE, JACK, EIGHT,` `FIVE, FOUR, KING...}`
下划线的位置有误	标识符不宜以下划线开头或结尾	`__page_counter_`
包含类型信息	不宜采用匈牙利命名法或类似的命名约定将类型 信息写入标识符	`int_page_counter`
未遵循命名约定	标识符不宜以非标准方式混合使用大写字母和小 写字母	`Page_counter`
使用全数字标识符	标识符不宜完全由数字或表示数字的单词构成	`FIFTY`

表 8-1 包括不同类型的规则，大多数规则和语法有关。例如，"下划线的位置有误"这条指出标识符不宜以下划线开头或结尾。Butler 还建议避免使用系统型匈牙利命名法，这种命名约定要求通过前缀来指定变量的数据类型（例如 `strName` 代表存储字符串的变量）。

明确规定命名方式似乎有小题大做之嫌，但是从前几章的讨论可知，代码中存在冗余信息不仅会加重认知负荷，而且可能会分散程序员的注意力，从而影响代码理解，因此建议取名时遵循表 8-1 给出的语法规则。

当然，许多编程语言会制定变量命名的相关规范。例如，Python 命名约定（PEP8）规定变量采用蛇形命名法，Java 命名约定则规定变量采用驼峰命名法。

2. 标识符在代码库中应该保持一致

也有学者认为，应该把一致性作为衡量标识符质量的标准。前文曾提到 Allamanis 在代码审查和命名方面所做的研究，他还思考过如何起个好名。Allamanis 认为，代码库是否遵循一致的命名实践是最重要的判断标准。

避免命名实践前后不一符合我们对认知科学的了解。假如程序员在代码库中使用同一个单词来命名类似的对象，那么大脑就会更容易检索出长时记忆存储的相关信息。Butler 部分认同 Allamanis 的观点——他提出标识符应该遵守一致的首字母大写规定（参见表 8-1）。

📖 **练习 8-2**

挑选一段最近写过的代码，并列出代码中出现的所有变量名，然后思考这些变量名的质量如何：它们是否严格遵循语法规则？是否由单词构成？是否在代码库中保持一致？将结果填入表 8-2 中。

表 8-2   变量名质量分析

变 量 名	语法规则	一 致 性

8.1.3   最初的命名实践影响深远

Dawn Lawrie 是美国约翰斯·霍普金斯大学高级研究科学家，她不仅深入研究过命名，而且分析过命名的发展趋势。[①]命名实践是否与十年前有所不同？从长期来看，同一个代码库中标识符的变化呈现出哪些特点？

为回答这些问题，Lawrie 分析了采用 C++、C、Fortran 和 Java 这 4 门语言编写的 78 种代码库的 186 个版本。所有版本的代码加起来超过 4800 万行，时间跨度长达 30 年。分析对象既包括专有代码，也包括开源项目，例如 Apache、Eclipse、MySQL 和 GCC、Samba 等广为人知的代码库。

Lawrie 从命名实践的两个方面入手分析标识符质量。首先，她观察构成标识符的各个单词是否通过下划线、首字母大写等方式隔开，因为她认为单词之间的分隔使标识符更容易理解。其次，她根据 Butler 提出的规则（标识符应该由单词构成）检查这些单词是否出现在词典中。

Lawrie 潜心研究了同一个代码库的不同版本，从而分析出命名实践的长期变化趋势。在观察 78 种代码库的命名质量如何随时间变化后，她发现与以前的代码相比，如今的代码不仅会频繁使用由词典单词构成的标识符，而且单词之间的分隔也更加普遍。Lawrie 将命名实践的进步归结为程序设计作为一门学科日趋成熟。研究结果表明，代码库的规模与质量之间没有必然联系，因

---

① Dawn Lawrie, Henry Feild, David Binkley. Quantifying Identifier Quality: An Analysis of Trends, 2006.

此就标识符质量而言，代码库越大并不意味着质量越好（或越差）。

除了对比新老代码库的差异，Lawrie 还研究了同一个代码库的先前版本，以确定命名实践是否会随着时间的推移而发生变化。她发现，同一个代码库的命名实践并没有随着代码的发展而改善。Lawrie 由此得出一个重要结论，那就是"标识符质量在程序开发的早期阶段就已定型"。有鉴于此，程序员在创建新项目时可能需要格外留意命名问题，因为早期阶段采用的命名方式可能会贯穿项目始终。

在研究 GitHub 的测试使用情况后，有学者发现了类似的现象：仓库的新贡献者往往不会阅读项目指南，而是查看现有的测试并在此基础上进行修改。[1]对于包含测试的仓库，新贡献者感觉有义务添加测试，以符合项目的组织方式。

命名实践的变化趋势

❑ 如今的代码更遵循命名实践。

❑ 但是在同一个代码库内，命名实践保持不变。

❑ 代码库的规模不会影响命名实践。

到目前为止，我们讨论了与命名有关的两种观点，二者如表 8-3 所示。

表 8-3　与命名有关的两种观点

学　　者	观　　点
Butler	标识符应该遵循语法规则
Allamanis	标识符在代码库中应该保持一致

在 Butler 看来，取名时应该遵循某些基本的语法规则。Allamanis 则认为不必刻意追求语法规则的统一，而是应该优先考虑代码库的一致性：比起优雅但不一致的标识符，糟糕但一致的标识符更胜一筹。程序员当然希望有一种明确的方法来规范标识符的命名，但即使是学界也尚未就此达成一致，因此标识符质量好坏是个见仁见智的问题。

8.2　从认知的角度剖析命名

在讨论命名的重要性以及有关命名的不同观点后，接下来我们从认知的角度深入剖析命名。

---

[1] Raphael Pham et al. Creating a Shared Understanding of Testing Culture on a Social Coding Site, 2013.

8.2.1　规范的命名方式对短时记忆有利

前几章讨论过大脑在加工代码时涉及的认知过程。从认知的角度讲，Allamanis 和 Butler 的观点都有道理，原因如表 8-4 所示。明确规定标识符的命名方式可能有助于短时记忆理解正在阅读的标识符。

表 8-4　与命名有关的不同观点及其与认知过程的关系

学　者	观　点	符合认知过程的原因
Allamanis	标识符在代码库中应该保持一致	有利于分块
Butler	标识符应该遵循语法规则	加工标识符时不会产生太多认知负荷

举例来说，Allamanis 认为标识符在整个代码库中应该保持一致。这种命名实践可能有利于分块，因此合情合理。假如标识符的命名方式各不相同，那么程序员就不得不动脑筋琢磨每个标识符的含义。

Butler 的观点同样符合我们对认知加工的认识。他提倡使用遵循类似语法规则的标识符，例如标识符不能以下划线开头以及应遵守一致的首字母大写规定。这种命名实践使相关信息每次都能以相同的方式呈现给大脑，从而也能在一定程度上减轻阅读标识符时产生的认知负荷。Butler 还建议标识符的长度不要超过 4 个单词，虽然看起来略显刻板，但这种命名实践符合工作记忆的容量限制——根据目前的估计，工作记忆可以存储 2~6 个信息元素。

提高代码库中标识符的一致性

为提高代码库中标识符的一致性，Allamanis 等人开发出一种名为 Naturalize 的工具以检测不一致的标识符。该工具采用机器学习技术学习代码库中高质量（一致）的名称，然后给出局部变量、参数、字段、方法调用以及类型的命名建议。在第一项研究中，Naturalize 的开发者利用这种工具在现有代码库中创建了 18 个拉取请求，并给出标识符改进建议。这些请求中有 14 个请求得到批准，从而在一定程度上证明了该工具的有效性。美中不足的是，Naturalize 目前仅支持 Java 一种语言。

Naturalize 的开发者在论文中分享了一个有趣的故事。他们曾经使用该工具为单元测试框架 JUnit 创建了一个拉取请求，但审阅者认为 Naturalize 给出的修改建议与代码库不符，因此没有批准该请求。Naturalize 后来给出了代码中所有违反命名约定的位置，才说服审阅者接受修改建议。其实，导致上述现象的原因是程序员经常违反自己制定的命名约定，以致错误的版本反而成为标准。

8.2.2　含义明确的标识符对长时记忆有利

前文讨论的两种观点虽然有所不同，但也存在相似之处。二者都具有语法意义或统计学意义，计算机程序可以据此评估标识符质量。正如 8.2.1 节讨论的那样，Allamanis 提出的命名实践也可以通过软件实现。

当然，保证标识符遵循合适的语法规则只是一方面，选择构成标识符的单词同样重要，从认知的角度来看更是如此。从前几章的讨论可知，工作记忆在思考代码时会加工两类信息。如图 8-1 所示，变量名首先进入感觉记忆进行加工，然后进入短时记忆。由于短时记忆的容量有限，因此大脑会设法把变量名拆分为不同的单词。变量名的命名方式越规范，短时记忆就越有可能识别出构成变量名的各个元素。举例来说，检索和理解 nmcntravg 这类变量名的各个元素可能相当费劲，而理解 name_counter_average 这类变量名的含义则容易得多。虽然 name_counter_average 的长度差不多是 nmcntravg 的两倍，但阅读前者花不了太多工夫。

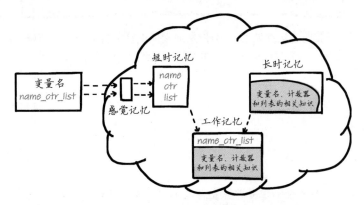

图 8-1　大脑首先把接收到的变量名划分为不同的组块，然后将其送至工作记忆，同时检索长时记忆以查找各个组块的相关信息。如果能找到相关信息，那么大脑也会将其转移至工作记忆

加工变量名时，工作记忆既接收来自短时记忆的信息，也接收大脑从长时记忆中检索到的相关信息。对第二种认知过程来说，选择构成标识符的单词很重要。命名变量或类时采用合适的领域概念有助于大脑在长时记忆中检索相关信息。

8.2.3　标识符可以包括不同类型的信息以帮助理解

为快速理解不熟悉的标识符，可以把图 8-2 所示的 3 类信息纳入标识符。

(1) 领域知识：标识符对思考代码领域有利。"customer" 这类领域词会使长时记忆产生各种各样的联想，例如客户可能在购买产品、需要为客户定义姓名和地址等。

(2) 编程概念：标识符对思考程序设计有利。树这样的编程概念同样有助于大脑检索长时记忆存储的信息，例如树有根节点、可以遍历、可以进行扁平化处理等。

(3) 命名约定：某些情况下，标识符还包括长时记忆存储的命名约定信息。例如，名为 j 的变量会使程序员想到嵌套循环，其中 j 代表最内层循环的计数器。

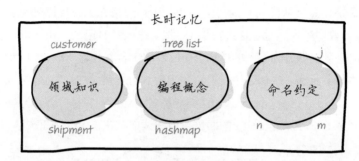

图 8-2 可以把长时记忆存储的 3 类信息纳入标识符以帮助理解：领域知识（例如"customer"或"shipment"）、编程概念（例如"list"、"tree"或"hashmap"）和命名约定（例如，i 和 j 可能代表循环计数器，n 和 m 可能代表数组维度）

设计标识符时，强烈建议把是否方便今后阅读纳入考虑，以有利于短时记忆和长时记忆为准绳。

📖 练习 8-3

挑选一段自己不太熟悉但并非完全陌生的源代码，例如不久前写过的代码或同一个代码库中其他程序员写的代码。

浏览代码并列出变量名、方法名、类名等所有标识符，然后思考各个标识符对认知加工的影响。

□ 规范的命名方式是否对短时记忆有利？能否改进构成标识符的各个元素，使之更加明确？

□ 在理解领域知识时，标识符是否对长时记忆有利？能否改进标识符，使之更加明确？

□ 在理解编程概念时，标识符是否对长时记忆有利？能否改进标识符，使之更加明确？

□ 遵循命名约定的标识符是否对长时记忆有利？

8.2.4 评估标识符质量的时机

如前所述，与编程有关的认知过程会增加命名的难度。在解决问题时，大脑可能承受很高的认知负荷，以致想不出合适的变量名。相信程序员在编写复杂的代码时都有过将变量命名为 foo 的经历，因为他们不愿在设计解决方案的同时还要费心思考命名问题。此外，命名对象的含义也许到项目开发后期才会逐渐明确，所以程序员不想在现阶段花时间琢磨怎样取名。

因此，一边写代码一边考虑命名问题以及如何提高命名质量不太明智。这些工作最好不要在开发阶段进行，以免占用开发时间。代码审查是评估标识符质量的良机。实施代码审查时，可以借助练习 8-4 来评估程序使用的标识符。

📖 练习 8-4

实施代码审查前，请在白板上或单独的文档中列出代码中出现的所有标识符，然后观察各个标识符并思考以下问题。

- ❑ 在对代码一无所知的情况下，是否清楚标识符的含义？例如，是否了解构成标识符的各个单词的含义？
- ❑ 是否存在模棱两可或含义不明确的标识符？
- ❑ 标识符是否包括可能令人感到困惑的缩写？
- ❑ 是否存在相似的标识符？它们代表的对象是否也相似？

8.3 哪些类型的标识符更容易理解

前文讨论了取个好名的重要性以及标识符对认知过程的影响。接下来，我们详细分析如何取名。

8.3.1 是否应该使用缩写

如前所述，有学者认为应该挑选词典中的单词来设计标识符。使用完整的单词似乎是一个合理的选择，下面来深入分析一下为什么这类标识符确实更容易理解。

德国帕绍大学研究员 Johannes C. Hofmeister 以 72 位专业的 C#程序员为对象做过一项实验，请他们找出 C#代码片段中存在的错误，以观察标识符的含义或形式是否在错误排查中起到更重要的作用。Hofmeister 给出标识符分别由字母、缩写和单词构成的 3 种程序，要求被试者查找这些程序中存在的语法错误和语义错误，并记录他们在排查错误时所花的时间。

实验结果表明，比起阅读标识符由字母和缩写构成的程序，在阅读标识符由单词构成的程序时，被试者平均每分钟可以多发现 19% 的错误。而在阅读标识符由字母构成的程序时，被试者排查错误的速度与阅读标识符由缩写构成的程序相差不大。

其他学者的研究证实，虽然由单词构成的标识符便于理解，但较长的标识符也可能产生负面影响。[①]前文曾提到 Lawrie 的研究工作，她和同事在另一项实验中找来 128 位平均拥有 7 年半开发经验的专业程序员，同样要求他们理解并记忆采用由完整单词、缩写和单字母构成的 3 种标识符类型的源代码。

Lawrie 首先给出采用其中一种标识符类型的方法，随后移走代码，要求被试者解释代码的作用并回忆程序中出现的标识符。与 Hofmeister 采用的手段不同，Lawrie 按照 1 ~ 5 分的标准给被试者的回答打分，以此来衡量代码摘要与代码实际功能的对应程度。

Lawrie 得到的结果与 Hofmeister 类似：由完整单词构成的标识符比由缩写或单字母构成的标识符更容易理解。比起标识符由单字母构成的代码摘要，标识符由完整单词构成的代码摘要评分更高，二者的差距几乎有 1 分之多。

实验结果还表明，使用由完整单词构成的标识符存在弊端。在分析被试者回忆标识符的情况时，Lawrie 发现标识符越长，记忆难度就越大，所需时间也越多。较长的标识符之所以不容易记住，不是因为长度问题，而是因为标识符包含的音节数量。当然，从认知的角度来看，上述结果在意料之中：标识符越长，占用的短时记忆组块可能就越多，而音节是单词分块的可能手段之一。有鉴于此，设计高质量的标识符时需要仔细权衡单词的清晰性与缩写的简洁性：注重单词的清晰性便于代码阅读者理解程序和排查错误；注重缩写的简洁性则便于代码阅读者记忆标识符。

根据研究结果，Lawrie 建议在采用包含前缀标识符或后缀标识符的命名约定时要三思而行。程序员应该仔细评估这类命名约定，确保额外的信息不会增加记忆标识符的难度，以免出现成本超出收益的情况。

注意前缀和后缀

谨慎采用包含前缀标识符或后缀标识符的命名约定。

---

① Dawn Lawrie et al. Effective Identifier Names for Comprehension and Memory, 2007.

单字母通常用作变量

如前所述，比起由缩写或字母构成的标识符，由完整单词构成的标识符在排查错误和理解代码方面更胜一筹。然而，实际开发中也经常使用单字母。Gal Beniamini 是以色列耶路撒冷希伯来大学研究员，他曾分析过单字母标识符在 C、Java、JavaScript、PHP 和 Perl 这 5 门编程语言中的出现频率。分析每门语言时，Beniamini 从 GitHub 上下载了 200 个最受欢迎的项目以及超过 16 GB 的源代码。

研究结果表明，对于单字母标识符的使用，不同编程语言的约定大相径庭。例如，Perl 中最常用的 3 个单字母标识符依次为 v、i 和 j，而 JavaScript 中最常用的 3 个单字母标识符依次为 i、e 和 d。在分析 5 门编程语言后，Beniamini 绘制出了全部 26 个字母的出现频率图，如图 8-3 所示。

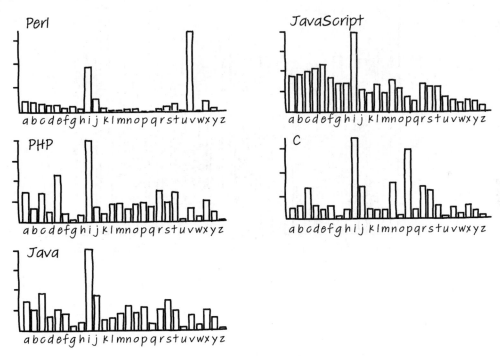

图 8-3　在分析 5 门编程语言后，Beniamini 绘制出了单字母标识符的出现频率图

除了分析单字母标识符的出现频率，Beniamini 也很好奇程序员在看到单字母时所产生的联想。大多数程序员在看到字母 i 时会想到循环计数器，在看到字母 x 和 y 时可能会想到平面坐标。那么在看到其他字母（例如 b、f、s 或 t）时，程序员会产生哪些联想？这些字母是否具有约定俗成的含义？从某种意义上讲，了解其他程序员对标识符所做的假设不仅能避免自己"踩

坑"，而且有助于了解其他人对代码感到困惑的原因。

为研究程序员在看到单字母标识符时会联想到哪些类型，Beniamini 找来 96 位资深程序员，请他们列出自己联想到的一种或多种类型，然后根据结果绘制出相应的柱状图。如图 8-4 所示，大部分字母并没有约定俗成的含义。虽然绝大多数程序员在看到字母 s 时会想到字符串，在看到字母 c 时会想到字符，在看到字母 i、j、k 和 n 时会想到整数，但是除这些明显的情况外，程序员对其他字母代表的类型看法不一。

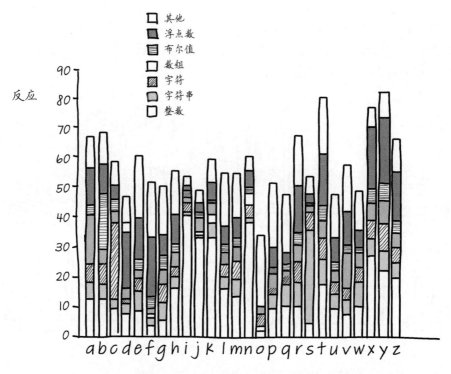

图 8-4　程序员在看到单字母标识符时联想到的类型

多少有些出人意料的是，程序员在看到字母 d、e、f、r 和 t 时往往会想到浮点数，而在看到字母 x、y 和 z 时不仅会想到整数，还会想到浮点数。由此可见，当使用 x、y 和 z 描述坐标时，它们既可以代表整数坐标，也可以代表浮点数坐标。

从 Beniamini 针对单字母标识符所做的研究中，程序员应该明白这样一个道理，那就是不要想当然地认为其他人会明白自己做出的假设。有些程序员或许认为，某个字母肯定能传递出某种类型的信息，代码阅读者一望便知，但是除少数特殊情况外，这种想法并没有理论依据。因此，为便于今后理解代码，采用单词来设计标识符或遵循命名约定是更好的选择。

📖 练习 8-5

　　将看到 26 个单字母标识符时联想到的类型逐一填入表 8-5 中，然后与团队成员进行交流。你和其他人是否对某些字母代表的类型有不同看法？你的代码库中是否存在使用单字母标识符的情况？

表 8-5　单字母标识符代表的类型

字　母	类　型	字　母	类　型	字　母	类　型
a		j		s	
b		k		t	
c		l		u	
d		m		v	
e		n		w	
f		o		x	
g		p		y	
h		q		z	
i		r			

8.3.2　采用驼峰命名法还是蛇形命名法

　　虽然大多数编程语言的风格指南也会给出标识符应该遵循的命名约定，但并非所有风格指南的约定都相同。众所周知，C 语言家族（包括 C、C++、C#以及 Java）均采用驼峰命名法。以小驼峰命名法为例，标识符的第一个字母小写，后续单词的第一个字母均大写，例如 `customerPrice` 和 `nameLength`。而 Python 采用蛇形命名法，即构成标识符的各个单词用下划线隔开，例如 `customer_price` 和 `name_length`。

　　为研究采用驼峰命名法的标识符和采用蛇形命名法的标识符在理解方面存在哪些不同，美国马里兰洛约拉大学计算机科学教授 Dave W. Binkley 通过一项实验来分析两种命名约定是否会影响程序理解的速度和准确性。[1]Binkley 和同事找来 135 位程序员和非程序员，首先请他们阅读描述变量的一句话，然后从 4 个选项中选出代表那句话的选项。例如，描述文字是"将列表扩展为表"（Extends a list to a table），4 个选项是 `extendListAsTable`、`expandAliasTable`、`expandAliasTitle` 和 `expandAliasTable`。

① Dave Binkley et al. To CamelCase or Under_score, 2009.

Binkley 发现，在判断采用驼峰命名法的标识符时，程序员和非程序员的准确性都很高。研究结果表明，被试者判断驼峰命名法的正确率比判断蛇形命名法高出 51.5%。但更高的准确性是以牺牲时间为代价的：被试者要多花 0.5 秒才能找到采用驼峰命名法的标识符。

除了观察驼峰命名法和蛇形命名法对程序员和非程序员的影响，Binkley 还分析了编程教育是否会影响他们的表现。他把被试者分为两组，一组没有受过培训，另一组受过多年培训，培训内容主要是如何使用驼峰命名法。

Binkley 在比较两组被试者的表现后发现，熟练掌握驼峰命名法的程序员能够更快地找到采用这种命名法的标识符。但研究结果也表明，接受过一种命名约定的培训似乎会对判断另一种命名约定产生负面影响：与完全没有受过培训的被试者相比，熟练掌握驼峰命名法的被试者在识别采用蛇形命名法的标识符时速度更慢。

如果从认知加工的角度进行分析，那么上述结果不算太意外。经常使用驼峰命名法的程序员更善于将标识符分块并找出其中的含义。

当然，如果现有的代码库采用蛇形命名法，那么并不意味着应该根据 Binkley 的研究结果把标识符统一改为驼峰命名法，因为保持一致性同样很重要。但如果程序员有权决定采用哪种命名约定，那么他们或许更倾向于驼峰命名法。

8.4　标识符与代码错误之间的关系

到目前为止，我们讨论了命名的重要性以及哪些类型的标识符更容易理解。但需要注意的是，糟糕的命名实践也会成为代码错误的导火索。

低质量的标识符会引发更多代码错误

前文曾经介绍过英国开放大学副高级讲师 Simon Butler 针对命名准则所做的研究，他还分析过低质量的标识符与代码错误之间存在哪些联系。在 2009 年开展的一项研究[①]中，Butler 以采用 Java 编写的开源仓库（包括 Tomcat 和 Hibernate）为对象分析了标识符命名缺陷与代码质量之间的关系。

Butler 开发了一种工具，这种工具既可以从 Java 代码中提取标识符，也可以检查违反命名准则的情况。他利用这种工具评估了 8 个代码库，以找出糟糕的命名实践位于何处。Butler 既检查

---

① Simon Butler et al. Relating Identifier Naming Flaws and Code Quality: An Empirical Study, 2009.

了结构性命名问题（例如标识符是否包含连续的两条下划线），也检查了单词构成问题（例如标识符是否使用词典单词），相关讨论参见 8.1 节。

接下来，Butler 将糟糕的命名实践与 FindBugs（一种利用静态分析来查找潜在错误位置的软件）报告的代码质量问题进行了比较，结果耐人寻味：标识符命名缺陷与代码质量之间具有统计学意义上的关联性。Butler 发现，糟糕的命名实践不仅会增加代码阅读、理解和维护的难度，还可能导致代码出错。

当然，代码错误和低质量标识符的位置重合并不意味着二者之间必然存在因果关系，它们也可能是多种因素作用的结果。例如，编程新手或粗心的程序员写出的代码也许存在质量问题和命名问题。解决复杂的问题时同样可能引入错误，这些复杂的问题也许以其他方式与命名错误有关。如前所述，由于编写代码时需要解决棘手的问题，因此大脑可能会承受非常高的认知负荷。如果代码领域很复杂，那么取个好名也未必容易，为此程序员需要绞尽脑汁思考高质量的标识符，而这样做很容易引发错误。

综上所述，虽然解决命名问题不一定对修复错误有直接帮助，但通过检查代码库也许能发现糟糕的命名实践位于何处，从而便于"顺藤摸瓜"，找到有改进余地的代码和可以避免的错误。排查低质量标识符的另一个原因就在于此：标识符质量越高，理解代码就越容易，因此改进标识符可以在一定程度上间接减少错误，至少能够缩短修复错误的时间。

8.5 如何设计质量更高的标识符

如前所述，糟糕的标识符会产生严重的负面影响，不仅可能增加代码理解的难度，还可能引发更多错误。前文曾提到以色列耶路撒冷希伯来大学计算机科学教授 Dror G. Feitelson 在标识符命名方面所做的分析，他和同事还针对程序员如何设计质量更高的标识符做过另一项研究[①]。

8.5.1 名称模具

在第一项实验中，Feitelson 要求程序员选择变量名。实验结果表明，即使程序员很少会选择相同的名称，他们也能理解其他人选择的名称。换句话说，大多数程序员通常明白某个变量名的含义。之所以会出现这种看似矛盾的情况，是因为程序员使用了 Feitelson 称为**名称模具**（name mold）的模式。

---

① Dror G. Feitelson et al. How Developers Choose Names, 2020.

　　名称模具旨在描述各个元素组合成变量名的典型方式。如果需要定义一个变量来描述每个月能够获得的最大收益，那么表 8-6 列出的变量名都可以作为备选。该表按照推荐程度从高到低列出了变量名，并经过归一化处理，因此 max 可以代表 "max" 或 "maximum"，而 benefit 可以代表 "benefits"。

表 8-6　按照推荐程度从高到低列出的变量名

```
max_benefit

max_benefit_per_month

max_benefit_num

max_monthly_benefit

benefits

benefits_per_month

max_num_of_benefit

max_month_benefit

benefit_max_num

max_number_of_benefit

max_benefit_amount

max_acc_benefit

max_allowed_benefit

monthly_benefit_limit
```

　　这些名称模具可以在一定程度上解释为什么两位程序员很少会选择相同的变量名：参与实验的程序员使用不同的名称模具，从而催生出大量不同的变量名，因此"重名"的概率很低。

　　从概念上讲，表 8-6 列出的所有变量名代表相同的含义，但命名约定存在很大差异。参与实验的程序员不是在同一个代码库中选择变量名，但即使在同一个代码库中，Feitelson 也曾观察到不同的名称模具。从我们目前对认知负荷和长时记忆的了解来看，在同一个代码库中使用不同的模具并不明智。

　　首先，在变量名（本例是 benefit）和构成变量名的不同元素中检索相关概念会增加不必要、不相干的认知负荷。查找正确概念所花的时间对于理解变量名没有帮助。如前所述，受过培训的程序员能够识别出采用驼峰命名法或蛇形命名法的标识符。虽然学界尚未开展有关名称模具的研究，但如果程序员经常接触使用某种模具编写的变量，那么他们在识别这些变量时可能会更加得心应手。

　　其次，如果变量名相似，那么使用相同的模具也许更便于长时记忆检索相关信息。如果程序员在之前的项目中把描述最高利息金额的变量命名为 max_interest_amount，那么在定义描述最大收益的变量时，使用表 8-6 给出的 max_benefit_amount 可能有助于长时记忆回想起曾经写过的代码；而如果把变量命名为 interest_maximum，那么即使最大收益和最高利息金额的计算过程类似，长时记忆也很难检索到相关的代码。

　　由于相似的模具可以最大限度地改善工作记忆和长时记忆，因此每个代码库最好不要使用太多不同的模具。建议开发团队在项目启动前针对使用哪些模具达成一致，以便为今后理解程序打下良好的基础。程序员不妨从现有的代码库入手，列出其中出现的变量名并确定目前所用的模具，然后决定是否继续使用这些模具。

📖 **练习 8-6**

　　从代码库中挑选一部分内容（例如一个类、一个文件中的所有代码或者与某种功能相关的所有代码），列出全部变量名和函数名/方法名，然后按照表 8-7 给出的模具填入相应的标识符。表中的 X 代表数量或价值（例如增值税的利息），Y 代表根据给定客户的数量进行筛选（例如每月）。

表 8-7　模具分析

模　　具	变　量　名	函数名/方法名
max_X		
max_X_per_Y		
max_X_num		
X		
X_per_Y		
max_num_of_X		
max_Y_X		
X_max_num		
max_number_of_X		
max_X_amount		
max_acc_X		
max_allowed_X		
Y_X_limit		
max_X		
其他		

8

填写完毕后，与团队讨论结果。哪种或哪些模具比较常用？为提高代码库的一致性，设计某些标识符时能否改用不同的模具？

8.5.2 运用 Feitelson 设计的三步模型来提高标识符质量

如前所述，程序员经常使用不同的名称模具来命名同一个对象，而使用相似的模具有助于理解标识符。Feitelson 根据第一项实验的结果设计出一种三步模型，以帮助程序员提高命名质量。

第 1 步：选择标识符要体现的概念。

第 2 步：挑选代表每个概念的单词。

第 3 步：根据这些单词设计标识符。

1. 三步模型详解

三步模型的详细用法如下。第 1 步是选择标识符要体现的概念，这一步具有极强的领域特定性，思考标识符包含哪些概念也许是命名中最重要的决定。Feitelson 认为，在选择标识符所包含的内容时，应该重点考虑标识符的目的，即标识符能否体现出对象的信息及其用途。如果程序员感觉有必要添加注释来解释标识符，或代码中存在与标识符相近的注释，那么建议将注释内容纳入标识符。某些情况下，在标识符中加入类型指示信息同样很重要，例如标明长度类型（水平长度还是垂直长度）、重量单位（千克还是磅）或缓冲区包含用户输入（因此存在安全隐患）。有时候，程序员甚至可能在数据转换阶段使用新的标识符，例如用另一个变量存储经过验证的用户输入，通过变量名来标识其安全性。

第 2 步是挑选代表每个概念的单词。找到合适的单词通常并不难，显然应该选择一个在代码领域或整个代码库中使用的特定单词。但 Feitelson 也发现，被试者针对某个单词给出多个不同竞争性词汇的情况相当普遍。如果程序员不确定同义词代表相同的对象还是细微的差别，那么这种多样性就会带来问题。为提高命名的一致性，可以考虑建立**项目词库**（project lexicon），把所有重要的定义记录在案，并给出同义词的替换词。

Feitelson 指出，三步模型的各个步骤不一定要按顺序执行。有时候，程序员在挑选标识符所使用的单词时可能不会考虑它们代表的概念，但是在选定单词后，仍然应该考虑标识符要体现的概念。

第 3 步是根据选定的单词来设计标识符，本质上是选择一个名称模具。如前所述，选择与代码库保持一致的模具很重要。保持一致不仅便于其他人查找标识符包含的重要元素，也有助于在该标识符与其他标识符之间建立联系。此外，Feitelson 建议所用的模具应符合定义变量的自然语言。以英语为例，描述"最大点数"的惯用语是"maximum number of points"而不是"point maximum"，因此程序员可能更愿意使用 max_points 而不是 points_max 作为标识符。为使标识符听起来更自然，还可以考虑在其中加入介词，例如 indexOf 或 elementAt。

2. 事实证明三步模型很有效

在设计出三步模型后，Feitelson 又找来 100 名不同的被试者进行第二项实验。

Feitelson 向被试者讲解了三步模型的用法并给出一个示例，接着要求他们运用模型重复第一项实验：选择变量名。Feitelson 随后请两位独立的评委评估使用模型前后的命名质量，但两人事先不知道哪些变量名来自哪项实验。

经过比较，两位评委认为第二项实验（使用三步模型）的命名质量优于第一项实验（未使用三步模型），比例为 2:1。由此可见，Feitelson 设计的模型确实有助于提高命名质量。

8.6 小结

- ❑ 学界对于衡量标识符质量的标准存在不同看法，有学者提倡使用遵循语法规则（例如驼峰命名法）的标识符，也有学者强调代码库中的标识符应该保持一致。
- ❑ 如果不考虑其他区别，那么程序员更容易记住采用驼峰命名法的变量，但能够更快找出采用蛇形命名法的变量。
- ❑ 低质量标识符出现的位置很可能存在代码错误，但不意味着二者之间必然存在因果关系。
- ❑ 许多不同的名称模具可以用来设计标识符，但是从便于理解的角度考虑，每个代码库最好不要使用太多模具。
- ❑ Feitelson 设计的三步模型（标识符要体现哪些概念、这些概念使用哪些单词，以及如何根据这些单词来设计标识符）有助于提高命名质量。

## 第 9 章

避免低质量代码和认知负荷：两种框架

内容提要

❑ 解释代码异味与认知过程（尤其是认知负荷）之间的联系

❑ 探讨低质量标识符与认知负荷之间的联系

作为一名专业程序员，相信你既接触过容易阅读的代码，也接触过需要绞尽脑汁才能理解的代码。之所以会出现代码难以理解的情况，是因为大脑承受的认知负荷过高，前几章在讨论短时记忆、长时记忆和工作记忆时已经提到过这一点。当工作记忆接近饱和状态且大脑无法正确加工代码时，就会产生认知负荷。之前的章节聚焦于如何阅读代码。有时候，程序员需要掌握更多语法知识、编程概念或领域知识，这样在阅读代码时才能更加游刃有余。

本章从认知的角度探讨编写代码的相关内容。我们将分析哪些类型的代码会加重认知负荷，并给出改进代码使之更容易处理的方案。结构性问题和标识符问题都会增加代码理解的难度，从而产生认知负荷，本章将围绕这两方面的原因展开深入讨论。分析代码为什么难以阅读能帮助程序员写出更容易理解和维护的代码，而高质量代码既方便包括程序员在内的团队成员今后阅读和使用，也能减少出错的概率。

9.1 为什么存在异味的代码会加重认知负荷

本章致力于剖析如何写出不会令其他人一头雾水的代码，也就是不会使阅读者产生太多认知负荷的代码。我们将采用两种框架来讨论代码令人困惑的原因，第一种框架是**代码异味**，即结构不理想的代码。在《重构：改善既有代码的设计》（后文简称《重构》）一书中，英国软件工程师 Martin Fowler 首次提出代码异味的概念。例如，过长的方法或过于复杂的 switch 语句都属于代码异味。

程序员应该对代码异味都不陌生，但为了照顾尚未接触过这个概念的程序员，我们首先做一下简要概述，然后详细讨论各种代码异味以及它们与认知过程（尤其是认知负荷）的联系。指出"某个类过大"有一定帮助，但可能还不够，因为程序员希望明确了解多大算"过大"，以及如何判断一个类是否过大。

9.1.1　代码异味简介

Fowler 提炼出了多种代码异味，包括过长的方法、提供太多功能的类、过于复杂的 switch 语句等。为消除代码异味，Fowler 还提出了一系列他称为**重构**的策略。而从前几章的讨论可知，重构的应用范围已不再局限于消除代码异味，这个术语如今也可以从更普遍的意义上描述针对代码所做的改进。例如，在大多数程序员看来，即使循环中不一定存在代码异味，将循环改写为列表推导式也是一种重构。

表 9-1 总结了《重构》一书中提出的 22 种代码异味，并把它们划分为相应的级别（但书中未做这样的区分）。有些代码异味与个别方法有关，例如过长的方法；有些代码异味则与整个代码库有关，例如注释。接下来我们会详细讨论各个级别的代码异味。

表 9-1　《重构》一书中提出的代码异味及其级别

代码异味	解　　释	级　　别
过长的方法	方法不宜包括执行不同计算的多行代码	方法
过长的参数列表	方法不宜包括太多参数	方法
复杂的 switch 语句	程序不宜使用复杂的 switch 语句，考虑用多态来替换 switch 语句以简化代码	方法
异曲同工的类	不宜使用两个初看不同、但字段和方法其实相似的类	类
基本类型偏执	避免在类中过度使用基本类型	类
不完美的程序库类	应该在程序库类而不是随机类中添加方法	类
过大的类	类包括的方法和字段不宜过多，否则难以判断类所代表的抽象	类
冗赘类	类包括的方法和字段不宜过少	类
纯数据类	类不宜只包括数据，还应该包括方法	类
临时字段	类不宜包括不必要的临时字段	类
数据泥团	应该把经常组合使用的数据存储在独立的类或结构中	类
发散式变化	通常情况下，代码修改应该在局部进行，最好限制在一个类内。如果必须在不同的位置做出许多不同的调整，则表明代码结构存在问题	代码库
依恋情结	如果 B 类从 A 类引用了大量方法，则表明这些方法更适合放在 B 类里，应该把它们从 A 类移至 B 类	代码库

9

234152678

（续）

代码异味	解　释	级　别
狎昵关系	类与类之间的联系不宜过多	代码库
重复的代码（代码克隆）	代码库的多个不同位置不宜出现相同或极为相似的代码	代码库
注释	注释应该用于描述代码存在的原因而不是代码的作用	代码库
过长的消息链	避免使用过长的消息链（多层嵌套调用）	代码库
中间人	如果某个类将自身的许多方法委托给其他类，则应该重新考虑这个类是否有存在的必要	代码库
平行继承体系	如果为一个类创建子类的同时还要为另一个类创建子类，则表明两个类的功能可能应该放在一个类里	代码库
被拒绝的遗赠	如果类继承了没有使用的行为，则表明继承可能并无必要	代码库
霰弹式修改	通常情况下，代码修改应该在一个类内进行。如果必须在不同的位置做出许多小的调整，则表明代码结构存在问题	代码库
夸夸其谈的通用性	避免为"以防万一"而向代码库中添加功能，只添加需要用到的功能	代码库

1. 与方法有关的代码异味

如果方法包括多行代码并提供多种功能，那么表明存在"过长的方法"异味或"上帝方法"异味；如果方法传入太多参数，则表明存在"过长的参数列表"异味。

不熟悉代码异味的程序员最好抽空读读《重构》一书，并对照表 9-1 思考 Fowler 提出的 22 种代码异味及其级别。

2. 与类有关的代码异味

代码异味既可能与方法有关，也可能与类有关，过大的类就是一例。这种类有时也称为**上帝类**，由于它提供的功能过多，因此不再是有意义的抽象。上帝类往往不是旦夕之间出现的，而是日积月累的结果。试举一例。程序员最初创建了一个用于输出客户账户的类，其中可能包括与精确描述客户信息有关的方法（例如 `print_name_and_title()` 或 `show_date_of_birth()`）。类的功能在开发阶段逐渐扩展，将某些执行简单计算的方法（例如 `determine_age()`）纳入其中。随着时间的推移，程序员又向该类添加了其他方法（例如针对所有客户而非单个客户的方法）。累积到一定程度后，这个类就不再只是处理与某个客户有关的逻辑，而是包括应用程序中各种流程的逻辑，从而成为上帝类。

如果类包括的方法和字段过少，那么同样无法成为有意义的抽象，Fowler 将这种类称为冗赘类。与上帝类一样，冗赘类的出现也是日积月累的结果：当一个类的功能随着时间的推移而转移至其他类后，这个类便成为冗赘类；当程序员写下一个本来打算扩展、但最终不了了之的桩件时，这个桩件也会成为冗赘类。

3. 与代码库有关的代码异味

除了方法层面和类层面的代码异味，整个代码库也可能存在异味。如果代码库的不同位置出现相同或极为相似的代码，那么表明存在"重复的代码（代码克隆）"异味，这种异味如图 9-1 所示；如果代码库包括多个相互之间不断传递信息的方法，则表明存在"过长的消息链"异味。

```
int foo(int j) {
    if ( j < 0 )
        return j;
    else
        return j++;
}
```
产品 A

```
int goo(int j) {
    if ( j < 0 )
        return j;
    else
        return j+2;
}
```
产品 B

图 9-1 "重复的代码（代码克隆）"异味：foo 和 goo 这两个方法非常相似，但不完全相同

4. 代码异味的影响

有异味不一定说明代码存在错误，但有异味的代码往往更容易出错。加拿大蒙特利尔综合理工学院软件工程系教授 Foutse Khomh 曾经研究过 Eclipse 的代码库。Eclipse 是一款著名的 IDE，支持 Java 以及其他编程语言的开发。Khomh 在分析 Eclipse 代码库的不同版本以及代码异味产生的负面影响后发现，上帝类在所有版本中都是引起易错性的重要因素，而上帝方法在 Eclipse 2.1 版中是引起易错性的重要因素。[1],[2]

除了分析代码异味对易错性的影响，Khomh 还研究了代码异味对易变性的影响。他发现，比起没有异味的代码，程序员今后更可能修改有异味的代码。事实证明，"过大的类"和"过长的方法"这两种异味对易变性会产生明显的负面影响：在超过 75% 的 Eclipse 发行版中，存在这些异味的类比不存在这些异味的类更有可能发生变化。[3]

---

[1] Wei Li , Raed Shatnawi. An Empirical Study of the Bad Smells and Class Error Probability in the Post-Release Object-Oriented System Evolution, Journal of Systems and Software, vol. 80, no. 11, 2007: 1120–1128.

[2] Aloisio S. Cairo et al. The Impact of Code Smells on Software Bugs: A Systematic Literature Review, 2018.

[3] Foutse Khomh et al. An Exploratory Study of the Impact of Antipatterns on Software Changeability, 2009.

📖 练习 9-1

　　挑选一段你最近调整或修复的代码，所选的代码应该是令你百思不得其解的代码。
思考以下问题：这段代码是否有异味？如果有异味，那么属于哪种级别的异味？

9.1.2　代码异味对认知的负面影响

　　在详细介绍过代码异味后，接下来我们将从更高层面分析与代码异味有关的认知问题。如果
希望写出没有异味的代码，则必须明白代码异味不利于程序理解的原因，因此本节将讨论代码异
味与认知过程（尤其是认知负荷）的联系。

　　Fowler 根据之前的工作以及自己的编程经验提炼出了各种代码异味，许多异味可能与大脑的
认知功能有关（尽管 Fowler 并没有把二者联系起来）。我们可以根据对工作记忆和长时记忆的了
解来分析有异味的代码会产生哪些影响。

　　从前几章的讨论可知，不同类型的困惑与不同类型的认知过程有关。同样，不同类型的代码
异味源于不同类型的认知过程，概述如下。

1. 导致工作记忆过载的异味：过长的参数列表和复杂的 switch 语句

　　假如了解工作记忆的机制，就能明白为什么过长的参数列表和复杂的 switch 语句难以阅
读：因为这两种异味都会导致工作记忆出现过载情况。从本书第一部分的讨论可知，工作记忆一
次只能加工 2~6 个信息元素，因此如果方法参数超过 6 个，那么大脑就很难记住它们。工作记忆
在加工代码时不可能存储所有参数，以致理解方法时出现"卡壳"的情况。

　　当然，实际情况不完全是这样。加工方法参数时，大脑不一定把每个参数都视为独立的组块。
下面以代码清单 9-1 所示的方法签名为例进行讨论。

代码清单 9-1　名为 line() 的 Java 方法传入两个 x 坐标和两个 y 坐标作为参数

```java
public void line(int xOrigin, int yOrigin, int xDestination, int yDestination) {}
```

　　大脑可能把 line() 方法的 4 个参数视为两个而不是 4 个组块：一个组块用于描述原点坐标
（xOrigin 和 yOrigin），另一个组块用于描述目标坐标（xDestination 和 yDestination）。
因此，有限数量的参数既取决于上下文，也取决于程序员对代码元素的先验知识。但过长的参数
列表更有可能导致工作记忆不堪重负，复杂的 switch 语句也是如此。

2. 阻碍有效分块的异味：过大的类和过长的方法

大脑在加工代码时会不断构建抽象。如今，程序员不再把所有功能都塞进一个主方法里，而是更愿意将功能分解为若干独立的小方法，并给每个小方法取一个有意义的名称。换句话说，一个类由一系列连贯的属性和方法组合而成。之所以将功能分解为独立的类和方法，是因为它们的名称可以使代码阅读者"见名知意"。

在调用 square(5)时，程序员立即就知道可能的返回值是什么。便于进行代码分块是方法名和类名的另一个优点。如果某段代码包括一个名为 multiples()的方法和一个名为 minimum()的方法，那么甚至不需要详细分析代码，程序员可能就知道这段代码的作用是计算最小公分母。如果代码块过于庞大，则意味着可用于快速理解代码的本质特征过少，程序员只能逐字逐句地阅读代码。"过大的类"和"过长的方法"这两种代码异味的有害之处就在于此。

3. 导致分块错误的异味：重复的代码

如果代码库中有大量极为相似的代码，则表明存在"重复的代码（代码克隆）"异味。

假如了解工作记忆的机制，就能明白为什么重复的代码有异味。仍然以前文给出的 foo()和 goo()这两个方法为例。如图 9-2 所示，当遇到与 foo()非常类似的方法调用 goo()时，工作记忆可能会从长时记忆中获取 foo()的相关信息，仿佛在提醒程序员"这些信息也许会派上用场"。接下来，程序员可能会观察 goo()的具体实现：扫一眼这个方法，再想一想关于 foo()的先验知识，程序员很可能产生"goo()就是 foo()"的感觉。

```
int foo(int j) {
    if (j < 0)
        return j;
    else
        return j++;
}
```
产品 A

```
int goo(int j) {
    if (j < 0)
        return j;
    else
        return j+2;
}
```
产品 B

图 9-2 名称相似、功能相似（但不完全相同）的两个方法。由于 foo()和 goo()的名称和实现非常接近，因此大脑未必能分清这两个方法

有鉴于此，虽然 goo()和 foo()不完全一样，但大脑会认为这两个方法其实都是 foo()，类似于国际象棋棋手把西西里防御的几种变例都归为西西里防御一样。所以即使 goo()和 foo()的返回值不同，大脑也可能产生"goo()就是 foo()"的迷思概念。从前几章的讨论可知，这类

迷思概念会在脑海里盘桓很长时间。也许在多次吃到"goo()与foo()不同"的苦头后，程序员才能真正意识到自己原先的认识有误。

📖 练习 9-2

再次浏览为完成练习 9-1 而挑选的那段代码，并思考哪些认知过程与代码理解错误有关。

9.2　低质量标识符对认知负荷的影响

本章聚焦于如何写出容易理解的代码。我们讨论的第一种框架是 Fowler 提出的代码异味（例如过长的方法和重复的代码），并分析了这些异味对认知过程会产生哪些影响。

代码异味指受到**结构反模式**影响的代码，即代码本身没有错误，但构造方式不理想。代码中还可能存在**概念反模式**，即代码结构正确（例如使用长度合适的类和方法），但标识符具有误导性。我们采用**语言反模式**（第二种框架）来描述这类代码问题。代码异味和语言反模式涵盖代码的不同方面，因此这两种框架相得益彰。

9.2.1　语言反模式

美国华盛顿州立大学副教授 Venera Arnaoudova 率先提出了语言反模式的概念，她将这种反模式描述为代码的语言元素与其角色不符。代码的语言元素被定义为代码的自然语言部分，包括方法签名、文档、属性名、类型或注释。如果语言元素与它们的角色不符，则表明存在语言反模式。例如，变量 initial_element 的存储对象看起来是元素，其实是元素索引；变量 isValid 的返回值看起来是布尔型，其实是整型。

通常情况下，如果方法/函数的名称与实际作用不符，则可以认为方法名/函数名存在语言反模式。举例来说，某个方法从名称上看应该返回集合，实际上返回的却是单个对象，例如返回布尔值的 getCustomers() 方法。尽管"getCustomers"这个名称从判断是否有客户的角度来看还算说得通，但也可能令人一头雾水。

表 9-2 列出了 Arnaoudova 定义的 6 种语言反模式。

表 9-2　Arnaoudova 定义的 6 种语言反模式

方法声明的功能多于方法实现的功能
方法声明的功能少于方法实现的功能
方法声明的功能不符合方法实现的功能
标识符描述的内容多于实体包含的内容
标识符描述的内容少于实体包含的内容
标识符描述的内容不符合实体包含的内容

定义上述 6 种语言反模式后，Arnaoudova 选出 7 个开源项目并分析项目中是否存在这些反模式，结果发现语言反模式并非个别现象。举例来说，除了设置字段，11% 的修改器（setter）还返回了一个值。在 2.5% 的方法中，方法名及其注释与方法的实际功能南辕北辙，而在以 "is" 开头的标识符中，返回值不是布尔型的比例高达 64%。

检测代码库中存在的语言反模式

为帮助程序员判断所用的代码库中是否存在语言反模式，Arnaoudova 根据自己的研究开发了名为语言反模式检测器（LAPD）的工具。这款工具能够检测出 Java 代码中存在的反模式，可作为 Eclipse Checkstyle 插件的扩展使用。

尽管可以凭直觉猜测标识符的含义，但语言反模式可能造成困惑，从而加重认知负荷，这一点已为科学研究所证实。不过在深入探讨语言反模式对认知负荷的影响之前，必须首先了解如何测量认知负荷。

9.2.2　认知负荷的测量

从前几章的讨论可知，认知负荷是工作记忆不堪重负的标志。前文还介绍了某些会产生高认知负荷的任务：无论是阅读需要从其他方法或文件中检索相关信息的代码，还是阅读包含大量陌生关键字或编程概念的代码，都可能加重大脑的认知负荷。本节将讨论测量认知负荷的几种手段。

1. 帕斯量表

如表 9-3 所示，学界经常采用荷兰鹿特丹伊拉斯姆斯大学心理学家弗雷德·帕斯设计的**帕斯量表**来测量认知负荷。

表 9-3   九级帕斯量表可用于对认知负荷进行自评

认知负荷特别低
认知负荷极低
认知负荷低
认知负荷偏低
认知负荷既不高也不低
认知负荷偏高
认知负荷高
认知负荷极高
认知负荷特别高

帕斯量表只包括一个问题，是一种比较简单的调查问卷，所以在过去几年里曾受到一些学者的诟病。此外，被试者能否明确区分"认知负荷极高"与"认知负荷特别高"也是未知数。

尽管存在不足，但帕斯量表仍然得到了广泛应用。前几章曾经讨论过代码阅读的策略和练习，在阅读不熟悉的代码时，程序员可以借助帕斯量表来思考代码并评估为理解代码而付出的认知努力。

📖 练习 9-3

挑选一段不熟悉的代码，并采用帕斯量表来评估为理解代码所付出的认知努力，然后思考为什么这段代码会给自己带来一定程度的认知负荷。最后将结果填入表 9-4 中。这项练习旨在帮助程序员判断哪些类型的代码难以阅读。

表 9-4   帕斯量表

	认知负荷等级	原　　因
认知负荷特别低		
认知负荷极低		
认知负荷低		
认知负荷偏低		
认知负荷既不高也不低		
认知负荷偏高		
认知负荷高		
认知负荷极高		
认知负荷特别高		

2. 眼球测量法

除了使用被试者的感知作为测量指标，近年来的研究也越来越多地引入生物特征识别技术。通过测量身体对某项任务的反应，就可以估算出被试者在执行该任务时所产生的认知负荷。

生物特征测量技术的一种应用是眼动追踪。科学家利用眼动追踪仪测量一个人的眨眼率（多久眨一次眼），以确定注意力的集中程度。一些研究表明，眨眼率不是恒定不变的，而是会随着一个人此刻所做的事情而变化。此外，认知负荷会影响眨眼率：任务越难，眨眼次数就越少。另一种可用来预测认知负荷的眼动指标是瞳孔。有学者发现，任务的难度越大，产生的认知负荷就越高，瞳孔反应也越明显。[1]

目前的推测认为，眨眼率之所以与认知负荷有关，是因为这项指标能够反映出大脑在处理艰巨任务时的极限反应，从而获得尽可能多的视觉刺激。同样，瞳孔反应之所以在大脑处理复杂的任务时会更加明显，是因为瞳孔越大，眼睛吸收解决问题所需的信息就越多。

3. 皮肤测量法

与眼球类似，皮肤同样可以体现出大脑承受的认知负荷。换句话说，皮肤温度和汗液也能作为测量认知负荷的指标。

这些生物特征测量技术听起来颇为诱人，不过研究表明它们往往与帕斯量表有联系。正因为如此，借助健身跟踪器来判断代码的可读性固然是一种办法，但完成练习 9-3 其实也能获得同样的效果。

4. 大脑测量法

从第 5 章的讨论可知，研究人员利用功能性磁共振成像仪来测量大脑活动类型。这种仪器的精度较高，但也存在很大的局限性。由于被试者必须躺着不动，因此无法针对他们编写代码的情况进行测试。而且代码只能在小屏幕上显示，所以获取阅读代码的数据同样不方便。被试者在测试期间保持静止状态也会极大限制他们与代码的交互。例如，被试者既不能滚动屏幕以浏览代码，也不能点击标识符以跳转到相应的定义，还不能使用快捷键 "Ctrl+F" 来搜索关键字和标识符。鉴于功能性磁共振成像仪的这些局限性，研究人员也采用其他方法来测量大脑活动。

---

[1] Shamsi T. Iqbal et. al. Task-Evoked Pupillary Response to Mental Workload in Human-Computer Interaction, 2004.

5. 脑电图

测量大脑活动的一种手段是**脑电图**，即借助脑电图机测量大脑活动引起的电压变化，进而测量神经元活动的变化。另一种手段是**功能性近红外光谱**。与功能性磁共振成像不同，功能性近红外光谱的测量可以通过头带进行，因此能够得到更真实的实验数据。

如今，功能性近红外光谱技术被科学家用于深入研究语言负荷与认知负荷之间的关系，稍后会进行讨论。

功能性近红外光谱仪使用近红外光以及相应的光敏传感器。由于血液中的血红蛋白会吸收光，因此这种仪器可以用来检测大脑的氧合作用。近红外光穿过大脑，部分红外光则照射到头带的光探测器。通过测量探测器感知到的光量，就能计算出测试区域内氧化血红蛋白和脱氧血红蛋白的浓度。如果血液含氧量上升，则表明认知负荷增加。

功能性近红外光谱仪对运动伪影和光照非常敏感，因此被试者在测试过程中需要保持相对静止状态，不能触摸仪器。功能性近红外光谱头带不像功能性磁共振成像仪那样笨重，但还是没有佩戴脑电帽方便。

6. 功能性近红外光谱技术和程序设计

2014 年，日本奈良先端科学技术大学院大学研究员中川尊雄（Takao Nakagawa）等人借助功能性近红外光谱头带测量了程序理解过程中的大脑活动。[1]在这项研究中，研究人员要求被试者阅读采用 C 语言编写的几种算法，每种算法包括两个版本，分别是普通实现和有意复杂化的实现。例如，在不改变程序功能的情况下，研究人员通过调整循环计数器以及其他参数使变量值保持频繁和不定期的更新。

被试者戴上功能性近红外光谱头带后，研究人员请他们阅读算法的两个版本。为避免被试者从普通版本的算法中获得线索并借助这些信息来理解复杂版本的算法，研究人员打乱了二者的顺序。也就是说，有些被试者先阅读普通版本，再阅读复杂版本；有些被试者则先阅读复杂版本，再阅读普通版本。

研究结果表明，与阅读普通版本的算法相比，10 位被试者中有 8 人在阅读复杂版本的算法时出现含氧血红蛋白增加的情况。由此可见，可以采用功能性近红外光谱仪测量脑血流量，从而量化编程活动中的认知负荷。

---

① Takao Nakagawa et al. Quantifying Programmers' Mental Workload during Program Comprehension Based on Cerebral Blood Flow Measurement: A Controlled Experiment, 2014.

9.2.3 语言反模式和认知负荷

借助功能性近红外光谱技术,研究人员得以评估语言反模式对认知负荷的影响。为了解语言反模式与认知负荷之间的关系,美国华盛顿州立大学博士生 Sarah Fakhoury(导师为 Arnaoudova)等人在 2018 年做过一项实验。他们从开源项目中挑选出若干代码片段,故意在其中插入一些错误,然后请 15 位被试者阅读这些代码片段并找出错误。查找错误本身并不重要,重要的是被试者能在这个过程中理解代码。

通过对代码片段进行调整,研究人员得到以下 4 种形式。

(1) 存在语言反模式的代码片段。

(2) 存在结构反模式的代码片段。

(3) 既存在语言反模式,也存在结构反模式的代码片段。

(4) 既不存在语言反模式,也不存在结构反模式的代码片段。

被试者被分为 4 组,每组按照不同的顺序阅读 4 种代码片段,以排除学习效应对实验结果的影响。

研究人员利用眼动追踪仪来检测被试者阅读代码的位置,并要求他们戴上功能性近红外光谱头带以测量认知负荷。眼动追踪仪收集的数据表明,与不存在语言反模式的代码相比,被试者更关注存在语言反模式的代码。

功能性近红外光谱头带收集的数据则表明,在阅读存在语言反模式的代码时,被试者的平均含氧血红蛋白显著增加(这类代码片段会产生更高的认知负荷)。

这项特殊的研究还有一个有趣之处,那就是研究人员在某些代码片段中加入结构反模式,故意使代码的格式违反传统的 Java 格式规范。例如,左括号和右括号不在同一行,或是代码没有采用正确的缩进形式。研究人员还通过添加额外的循环等方式来增加代码的复杂性。

研究人员根据实验结果比较结构反模式的影响和语言反模式的影响。被试者很反感阅读存在结构反模式的代码片段,一位被试者表示"糟糕的格式会显著增加阅读者的负担"。但研究人员发现,相对于未做调整的对照代码片段,没有统计证据表明存在结构反模式的代码片段会增加被试者的平均认知负荷。

9.2.4   语言反模式为什么令人困惑

从前文的讨论可知，代码中存在的语言反模式越多，所产生的认知负荷就越大。为证实二者之间的联系，还需要进一步测量大脑活动并加以研究，但我们可以根据对工作记忆和长时记忆的了解来推测语言反模式的影响。

阅读存在语言反模式的代码时可能会产生两个认知问题。首先是本书第一部分介绍过的学习迁移：遇到不熟悉的内容（例如不是自己编写的代码）时，长时记忆会检索相关事实和经验，而假如标识符存在误导性，就会给大脑留下错误的印象。举例来说，在处理名为 retrieveElements() 的方法时，大脑也许会想起返回元素列表的方法，从而认为也可以对 retrieveElements() 方法返回的元素执行排序、筛选或切片操作，但其实这些操作并不适用于单个元素。

语言反模式之所以令人感到困惑，还有一个原因是它们可能引发类似于代码克隆的"分块错误"。例如，某个变量虽然名为 isValid，但其实用于存储可能的返回值。大脑或许仅凭名称便推测 isValid 是布尔型变量，从而不再仔细思考这个变量的实际作用。也就是说，大脑为图省事而做出了错误的假设。如前所述，此类假设可能会在脑海里盘桓很长时间。

9.3   小结

- ❑ 代码有异味（例如过长的方法）表明代码存在结构性问题。代码异味会加重认知负荷，不同类型的异味源于不同类型的认知过程。例如，重复的代码不利于代码分块，过长的参数列表则会导致工作记忆不堪重负。
- ❑ 测量认知负荷的手段多种多样，例如通过生物特征传感器测量眨眼率或皮肤温度。一般来说，帕斯量表是自我评估认知负荷的有效工具。
- ❑ 如果标识符与所描述对象的实际作用不符，则表明代码库中存在语言反模式，从而会加重认知负荷。这种情况可能是长时记忆在查找相关信息时检索到错误的事实所致。语言反模式还可能使大脑对代码做出错误的假设，进而引发分块错误。

## 第 10 章

提高解决复杂问题的能力

内容提要

❏ 比较不同类型的记忆在解决问题时所起的作用

❏ 探讨为什么实现各种小技能的自动化有助于解决更复杂、更棘手的问题

❏ 分析如何强化长时记忆以更轻松地解决问题

前几章侧重于探讨程序设计中应该**避免**的行为及其原因。第 6 章介绍了解决编程问题时有利于改善工作记忆的不同策略，第 8 章分析了低质量标识符的影响，第 9 章讨论了代码异味对程序理解的影响。

本章继续探讨问题解决的相关技能，但讨论重点将围绕如何强化长时记忆展开。我们首先介绍问题解决的含义，然后深入剖析这一过程并讨论如何成为解决问题的能手，最后给出提高编程水平和问题解决能力的两种方法。第一种方法称为**自动化**（automatization），也就是能够不假思索地完成小任务。这种方法之所以有用，是因为解决小事所花的时间越少，解决难题就越容易。第二种方法是借鉴其他人所写的代码并化为己用，以提高自己的问题解决能力。

10.1　问题解决的实质

本章致力于分析长时记忆在解决问题时所起的作用，以帮助程序员提高问题解决能力。但是在讨论如何成为更优秀的问题解决者之前，我们先来介绍一下问题解决的实质。

10.1.1　问题解决的三大要素

问题解决包括以下三大要素。

❏ 目标状态（希望实现的目标）。一旦达到目标状态，就可以认为问题已经得到解决。

□ 待解决问题的起始状态。

□ 描述如何从起始状态达到目标状态的规则。

例如，在井字棋游戏中，起始状态是空格子，目标状态是横、直、斜连成一线的 3 个叉（×）或 3 个圈（○），规则是可以在棋盘的任何格子里画叉或画圈。又如，为现有的网站添加搜索框时，起始状态是现有的代码库，目标状态可能是通过单元测试或方便用户搜索网站内容。编程问题的规则往往体现为约束条件，例如实现 JavaScript 的某种功能，或是在实现这种新功能时不会妨碍到其他测试。

10.1.2　状态空间

解决问题时，所有可以实施的步骤称为问题的**状态空间**。仍以井字棋为例，任何一个可能画叉或画圈的格子都是状态空间。对井字棋这类小问题而言，整个状态空间可以直观地表现出来。图 10-1 显示了井字棋的部分状态空间。

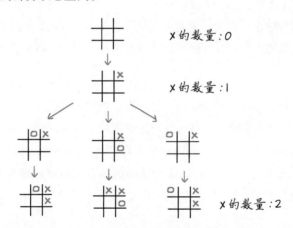

图 10-1　井字棋的部分状态空间，第 2 层的箭头表示圈（○）的走法，第 1 层和第 3 层的
　　　　箭头表示叉（×）的走法。叉（×）的目标状态是横、直、斜连成一线

在为网站添加按钮时，所有可能的 JavaScript 代码实现都是状态空间，这要看问题解决者能否做出正确的判断或添加正确的代码以达到目标状态。换句话说，问题解决的实质是以最优方式遍历状态空间，争取用最少的步骤达到目标状态。

📖 练习 10-1

挑选一个你最近写代码实现的功能，并思考以下问题。

- ❑ 希望达到哪种目标状态？
- ❑ 如何判断是否达到目标状态？由自己或他人手动检查，还是编写单元测试或验收测试进行检查？
- ❑ 起始状态是什么？
- ❑ 运用哪些规则和约束条件来解决问题？

10.2　长时记忆在解决编程问题时所起的作用

10.1 节介绍了问题解决的实质，接下来我们将深入分析解决问题时的大脑活动。第 6 章介绍过工作记忆在思考编程问题时所起的作用。如果大脑承受的认知负荷过高，则无法正确加工信息，从而不利于解决编程问题。但是除了工作记忆，长时记忆在解决问题时也会起到一定作用，本章将讨论这个问题。

10.2.1　问题解决本身是否属于认知过程

有学者认为，问题解决属于通用技能，因此也是大脑中的特定过程。美籍匈牙利数学家 George Pólya 以研究如何解决问题而声名大噪，他在《怎样解题》一书中提出了一套致力于解决任何问题的 “思维体系”。Pólya 的这部短篇名著将解题过程分为 3 个阶段。

第一阶段：理解问题。

第二阶段：拟订方案。

第三阶段：执行方案。

尽管 Pólya 提出的通用方法颇受青睐，但科学研究一再表明，问题解决既不是一项通用技能，也不是一种认知过程。通用问题解决方法难以奏效的原因有两个，这两个原因都与长时记忆的作用有关。

1. 问题解决涉及长时记忆

解决问题时，既要考虑预期目标状态的相关知识，也要考虑必须遵循的规则。问题本身会影响可能构建的解决方案。我们通过一个编程示例来讨论先验知识对解决方案的影响。假设程序员接到一项任务，要求分别用 Java、APL 和 BASIC 这 3 种语言编写程序以检测给定的输入字符串 s 是否为回文。我们尝试运用 Pólya 提出的思维体系来解决这个问题。

10

❑ 第一阶段：理解问题。

假设程序员在理解方面不存在障碍，他们也可能通过编写一些可靠的测试用例来检查代码。

❑ 第二阶段：拟订方案（翻译）。

第二阶段的实施难度较大，原因在于实现解决方案所用的编程语言对方案会产生很大影响。

例如，当前所用的语言是否提供执行字符串反转操作的方法或函数？如果答案是肯定的，那么只需调用该方法或函数来反转字符串 s，再判断结果是否等于 s 即可。程序员可能知道 Java 提供的 `StringBuilder.reverse()` 方法可以实现字符串反转，但 APL 和 BASIC 是否也有类似的函数呢？如果不清楚解决方案的信息或基本要素，则很难拟订方案。

❑ 第三阶段：执行方案（求解）。

程序员对当前语言的熟悉程度还会影响第三阶段的实施。APL 确实提供了执行反转操作的函数（BASIC 则没有这类函数），但根据对 APL 的了解，我们知道所有 APL 关键字都是运算符，因此能够实现字符串反转的函数并不叫 `reverse()`。由此可见，执行方案也不容易。

2. 对大脑来说，解决熟悉的问题更容易

通用的问题解决方法往往效果不佳，这与长时记忆的机制也有关系。从第 3 章的讨论可知，长时记忆存储的信息按网络结构进行组织，与其他信息相互关联。我们还知道，大脑在思考问题时会从长时记忆中提取出可能和当前问题有关的信息。

采用通用的问题解决方法（例如 Pólya 提出的"拟订方案"）会产生认知问题。长时记忆可能存储了大量有用的策略，大脑在解决问题时会尝试提取这些策略。而当我们设法采用某种通用方法来解决问题时，却未必能找到相关的策略。正如第 3 章讨论的那样，长时记忆需要线索来提取正确的记忆，而且线索越具体，就越有可能找到正确的记忆。以计算尾除法为例，拟订方案很难为长时记忆提供足够的线索来找到记忆中存储的方法，考虑尾除法或减去除数的倍数更有可能得到合适的方案。

从第 7 章的讨论可知，知识从一个领域（例如国际象棋）迁移到另一个领域（例如数学）的可能性很小。同样，从问题解决的一般领域迁移到其他领域的可能性也不大。

10.2.2 培养长时记忆来解决问题

如前所述，问题解决不属于认知过程。由此引出一个问题，那就是应该如何培养解决问题的能力。要想从更高的层次回答这个问题，就需要进一步了解大脑的思维方式。根据前几章的介绍，我们知道工作记忆是孕育思想的摇篮。但工作记忆在进行思维活动时并非处于封闭状态，而是得到了长时记忆和短时记忆的密切配合。

假设程序员要为 Web 应用程序添加一个排序按钮。大脑在思考如何解决这个问题时，工作记忆负责决定代码实现的内容。而在做出决策前，大脑需要完成两项任务。第一项任务是检索短时记忆以查找问题的上下文，例如按钮的要求或刚刚读过的现有代码。

大脑同时还要完成第二项任务：在长时记忆中检索相关的背景知识。如果能找到相关的记忆（例如排序的实现方法或代码库的信息），那么大脑也会将其转移至工作记忆。要掌握问题解决的实质，就要了解大脑检索长时记忆的过程。

10.2.3 解决问题时起作用的两类记忆

本章稍后会给出提高问题解决能力的两种方法。但在此之前，我们先来梳理一下不同类型的记忆以及它们在解决问题时所起的作用。之所以需要了解不同类型的记忆，是因为它们的产生方式有所不同。

长时记忆存储的各类记忆如图 10-2 所示。第一类记忆是**程序性记忆**，它是关于运动技能或无意识技能的记忆，有时称为**内隐记忆**。我们之所以能记住如何系鞋带或骑自行车，正是因为内隐记忆在起作用。

解决问题时起作用的第二类记忆是**陈述性记忆**，有时称为**外显记忆**。陈述性记忆是能够有意识地回想起某些事实的记忆，例如 "Java 中 `for` 循环的语法格式为 `for (i = 0; i < n; i++) {}`"。

陈述性记忆可以进一步划分为**情景记忆**和**语义记忆**（参见图 10-2）。情景记忆就是通常所说的 "记忆"，它是关于个人经历的记忆，例如 "14 岁时去参加夏令营" 或 "初次邂逅伴侣"。程序员可能曾花费 3 小时排查代码错误，最后却发现有问题的是单元测试，这样的经历也会存储在陈述性记忆中。

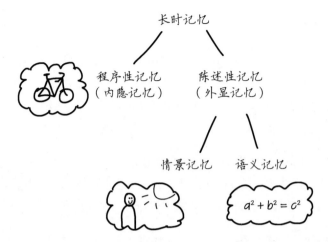

图 10-2　长时记忆存储的不同记忆。程序性记忆（内隐记忆）是关于"怎样做某事"
　　　　的记忆，陈述性记忆（外显记忆）是能够有意识地回想起某些事实的记忆。
　　　　陈述性记忆可以进一步划分为情景记忆和语义记忆：个人经历存储在情景记
　　　　忆中，意义、概念或事实则存储在语义记忆中

语义记忆则是关于意义、概念或事实的记忆。诸如"'青蛙'一词的法语是'grenouille'""5 和 7 的乘积是 35""Java 的类是数据和功能的集合"这样的信息都会存储在语义记忆中。

第 3 章曾经介绍过利用抽认卡来学习编程语言，这其实是在培养语义记忆。虽然情景记忆不需要付出额外的努力就能产生，但回忆某些事实的次数越多，提取强度就越高，这一点和语义记忆类似。

1. 哪些类型的记忆在解决问题时起作用

图 10-2 列出的所有记忆都会影响编程活动。外显记忆可能是编写代码时首先用到的记忆（例如程序员必须记住 Java 的循环结构），但其他类型的记忆也会起到一定作用。

情景记忆在回忆之前解决问题的方法时会派上用场。举例来说，思考某个涉及层次结构的问题时，程序员可能会想起曾经用过的树结构。研究表明，资深程序员高度依赖情景记忆来解决问题。从某种意义上讲，资深程序员是在重现而非解决熟悉的问题。换句话说，他们并没有设计新的解决方案，而是借助先前适用于类似问题的解决方案来处理当前的问题。本章稍后会详细介绍如何强化情景记忆以提高问题解决能力。

如图 10-3 所示，编程活动不仅与两种外显记忆有关，而且与内隐记忆有关。例如，不少程序员具备盲打能力，这就是程序性记忆。除了按下单个字母，程序员还有许多下意识的按键行为，

例如按下"Ctrl+Z"以撤销操作，或是在键入左括号的同时键入右括号。内隐记忆同样会影响编程活动，例如程序员在怀疑某行代码有问题时会自动设置断点。有时候，如果当前的问题与曾经解决过的问题似曾相识，就会产生所谓的直觉，表现为我们知道该做什么，却不知道该怎么做。

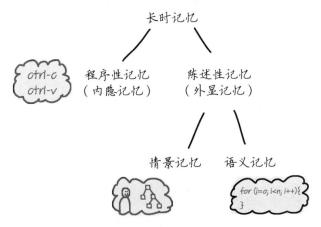

图 10-3　不同类型的记忆以及它们对编程活动的影响

2. 忘却学习

如前所述，内隐记忆有助于快速解决熟悉的问题，但这种记忆未必多多益善。从第 7 章的讨论可知，如果现有知识妨碍到学习新知识，则会产生负迁移。同样，内隐记忆过多会妨碍灵活性。举例来说，掌握使用 QWERTY 键盘进行盲打的方法后，再学习如何使用德沃夏克键盘进行盲打就要比从来没有接触过 QWERTY 键盘难得多。之所以如此，一定程度上是因为大脑保存了大量如何使用 QWERTY 键盘的内隐记忆。

如果程序员曾经学过语法与第一门编程语言截然不同的第二门语言，那么或许也能体会到忘却内隐记忆的不易。例如，具备 C#或 Java 背景的程序员在学习 Python 时，一段时间内可能会自觉不自觉地用花括号把代码块或函数括起来。拿我自己来说，我从 C#转向 Python 已有多年时间，但在编写遍历列表的循环时仍然经常键入 foreach 而不是 for，因为采用 C#编写程序时所产生的内隐记忆依旧深深印刻在我的脑海里。

📖 练习 10-2

下次编写代码时，请积极观察可能用到的记忆。

思考哪类程序或问题会激活哪类记忆，并将结果填入表 10-1 中。如果针对不同的程序做几次这样的练习并比较结果，则可能发现一些有趣之处：对于不太熟悉的编程语言或项目，大脑更依赖语义记忆；对于比较熟悉的编程语言或项目，大脑则更依赖程序性记忆或情景记忆。

表 10-1 编写代码时可能用到的记忆

程序或问题	程序性记忆	情景记忆	语义记忆

10.3 自动化：构建内隐记忆

前文解释了为什么解决问题很难，并介绍了不同类型的记忆在解决问题时所起的作用。接下来，我们会讨论两种提高问题解决能力的方法。第一种方法称为**自动化**。一旦某项技能经过反复练习后成为本能，就可以认为这项技能已经实现自动化，例如走路、阅读或系鞋带。

许多人不仅实现了开车和骑车等日常技能的自动化，而且实现了数学等领域特定技能的自动化。举例来说，我们已经知道如何利用因式分解法来求解 $x^2 + y^2 + 2xy$ 这样的方程。如果分配律技能已经实现自动化，那么不费吹灰之力我们便可立即将 $x^2 + y^2 + 2xy$ 转换为 $(x+y)^2$。最重要的是，如果能轻而易举地利用因式分解法解方程，那么就能进行更复杂的计算。我经常把自动化看作在游戏中解锁新技能的过程：一旦玩家控制的角色获得二段跳技能，就可以到达之前无法到达的区域。

例如，在熟练掌握因式分解后，只要扫一眼下面这个方程，马上就知道结果是 $x+y$。而如果因式分解技能没有实现自动化，那么就算方程可解，也要花费很多时间琢磨解法。

$$\frac{x^2 + y^2 + 2xy}{x+y}$$

由此可见，在解决更复杂、更棘手的编程问题时，编程技能的自动化至关重要。那么，如何实现技能的自动化呢？

为回答这个问题，首先要了解如何强化与编程有关的内隐记忆。如前所述，内隐记忆有时会妨碍学习新的编程语言，例如编写 Python 程序时经常用花括号把代码块或函数括起来。有人可能认为这种习惯无关大碍，但它确实会在一定程度上加重认知负荷。从第9章的讨论可知，认知负荷是大脑不堪重负的标志，假如大脑承受的认知负荷过高，就会严重妨碍思维活动。内隐记忆之所以有趣，是因为这种记忆存储的信息经过反复训练后会"习惯成自然"，运用起来易如反掌。例如，一旦掌握骑车或盲打的方法，这些技能便"即插即用"，几乎不会产生认知负荷。我们之所以能够边骑车边吃冰激凌或边开车边交谈，原因就在于此。

10.3.1　内隐记忆会随着时间的推移而变化

与程序设计有关的内隐记忆越丰富，大脑承受的认知负荷就越少，解决更复杂的问题时也越轻松。那么，怎样才能增加内隐记忆呢？为回答这个问题，必须深入了解内隐记忆的产生方式。

第 4 章讨论过如何培养记忆，例如为需要理解的编程概念制作一组抽认卡并经常复习这些卡片。然而，这类方法主要适用于记忆陈述性知识，也就是需要有意识地进行回忆才能记住这些知识。举例来说，Java 程序员可能要花些时间才能记住 for 循环的语法格式为 for (i = 0; i < n; i++) {}，他们清楚掌握这些知识的重要性。外显记忆之所以称为外显记忆，正是因为这种记忆存储的信息需要有意识地进行回忆才能记住。

与外显记忆不同，内隐记忆主要通过重复的方式产生。例如，儿童学习用勺子喝汤，反复多次后就可以掌握这项技能。这种记忆是练习而不是思考的结果，因此称为内隐记忆。如图 10-4 所示，内隐记忆的形成分为 3 个阶段。

图 10-4　信息存储的 3 个阶段：认知阶段、联想阶段和自主阶段

1. 认知阶段

学习新技能的第一个阶段是认知阶段。大脑不仅要把接收到的新信息分解为较小的元素，而且必须有意识地思考如何完成当前的任务。

举例来说，知道列表的索引从 0 开始时，程序员可能需要花时间来判断元素的位置（参见

图 10-4 中的"认知阶段")。图式构建或更新在认知阶段进行。例如,掌握"列表的起始索引为 0"
这一规则后,大脑已经建立起一种能够同时涵盖非编程领域和编程领域的图式:这种图式规定从
1 开始计数,并在需要时调整为从 0 开始计数。

2. 联想阶段

第二个阶段是联想阶段。在这个阶段,大脑需要主动重复新信息,直到形成反应模式。如果
程序员只看到左括号而没有看到右括号,那么心里就会七上八下,而且可能意识到在键入左括号
的同时键入右括号是避免出现括号不匹配问题的有效策略。换句话说,有效的行为会牢记在心,
无效的行为则弃之不用。

任务或事实越困难,联想阶段持续的时间就越长;任务或事实越简单,记忆所需的时间就越
短。仍以"列表的起始索引为 0"这一规则为例,程序员不久后可能发现,只要将指定元素减 1
就能得到相应的索引。

3. 自主阶段

第三个阶段是自主阶段(又称为程序性阶段),技能在这一阶段得到完善。如果程序员在任
何情况下都能正确判断列表的索引,不会受到上下文、数据类型或列表操作的影响,则表明已经
达到自主阶段:在处理列表和列表操作时,程序员既不必进行计算也不必进行有意识的思考,一
眼便能看出索引。

一旦达到自主阶段,就可以认为技能已经实现自动化。解决问题如探囊取物般简单,运用技
能也不会增加问题带来的认知负荷。

你可以通过练习 10-3 来感受一下自动化的威力:有经验的 Java 程序员也许想都不用想就能
补全 3 段代码中的空白。由于程序员对 for 循环的语法耳熟能详,因此不必考虑边界条件就知
道应该填入什么内容,即使遇到从后向前遍历数组这种不太常见的 for 循环也不会感到吃力。

📖 **练习 10-3**

请观察以下 3 段 Java 代码,用最快的速度补全横线(▢)处的空白。

```java
for (int i = 1; ▢ <= 10; i = i + 1) {
    System.out.println(i);
}

public class FizzBuzz {
    public static void main(String[] args) {
```

```
    for (int number = 1; number <= 100; __++) {
        if (number % 15 == 0) {
            System.out.println("FizzBuzz");
        } else if (number % 3 == 0) {
            System.out.println("Fizz");
        } else if (number % 5 == 0) {
            System.out.println("Buzz");
        } else {
            System.out.println(number);
        }
    }
}

public void printReverseWords(String[] args) {
    String[] lines = {"The target words"};
    for (String line : lines) {
        String[] words = line.split("\\s");
        for (int i = words.length - 1; i >= 0; i__)
            System.out.printf("%s ", words[i]);
        System.out.println();
    }
}
```

10.3.2　为什么自动化可以加快编程速度

通过构建庞大的技能库（怀疑论者可能把这种实践称为技巧），人们可以掌握越来越多的新技能。美国心理学家 Gordon Logan 认为，自动化是大脑从情景记忆中提取信息的结果，情景记忆也存储与日常生活有关的常规记忆。采用因式分解法解方程、阅读信件这样的任务会产生新的记忆，它们是与任务有关的记忆实例。由于每种记忆都相当于抽象类的一个实例（"关于因式分解法的记忆"就是一个抽象类），因此 Logan 把自己的理论称为**实例理论**。

如果大脑拥有足够的实例记忆，那么在面对类似的任务时就会回想并运用之前的方法来解决当前的问题，而不必进行推理。Logan 认为，实现自动化的标志是大脑完全依靠情景记忆而不是推理来完成任务。从记忆中提取信息的速度比积极思考当前的任务要快，而且可以在不经意间进行，因此已经实现自动化的任务处理起来既快速又轻松。在处理实现完全自动化的任务时，我们也会觉得不需要进行复查，而通过推理完成任务时，我们未必能有这样的信心。

对程序员来说，程序设计和问题解决所需的不少技能或许已经达到自主阶段。一旦编写 for 循环、判断列表的元素索引、创建类等技能实现自动化，它们就不会在编程时加重认知负荷。

但受到自身经验和水平所限，程序员未必时刻都能做到游刃有余。前文提到过，我自己在开始学习 Python 时就曾被 for 循环搞得焦头烂额。我并不是记不住 for 循环的语法（我甚至利用抽认卡来巩固语法知识），而是经常会不由自主地键入 foreach 而非 for。由此可见，我的内隐记忆需要重塑。在深入讨论如何重塑记忆之前，建议先通过练习 10-4 评估一下自己的技能，找出有待改进的地方。

📖 练习 10-4

新建一个编程会话，并思考编写代码时涉及哪些任务或技能。评估每种任务或技能的自动化程度，然后将结果填入表 10-2 中。以下问题有助于确定技能的自动化程度。

- ☐ 是否需要全力以赴、心无旁骛地思考当前的任务？倘若如此，则表明大脑仍然处于认知阶段。
- ☐ 是否需要依靠各类技巧来完成任务？倘若如此，则表明大脑处于联想阶段。
- ☐ 在轻松完成任务的同时是否还有余力思考其他问题？倘若如此，则表明大脑已经达到自主阶段。

表 10-2　任务或技能的自动化程度

任务或技能	认知阶段	联想阶段	自主阶段

10.3.3　强化内隐记忆

前文介绍了掌握技能的 3 个不同阶段，下面我们来分析一下如何通过刻意练习来提高尚未达到自主阶段的技能。从第 2 章的讨论可知，刻意练习指通过各种小练习来提高某项技能，直至达到信手拈来的程度。举例来说，在运动间歇训练中，跑步是提高速度的刻意练习；在音乐中，音阶训练是培养手指位置的刻意练习。

一般来说，刻意练习在程序设计中的“出镜率”并不高。就算程序员没有掌握 for 循环的正确语法，往往也不会刻意键入 100 遍 for 循环作为巩固。但培养这些小技能有助于减轻思考复杂问题时所产生的认知负荷，从而更轻松地解决问题。

刻意练习的方式多种多样。首先，程序员不妨针对需要巩固的技能编写大量相似但不同的程序。如果希望熟练掌握 `for` 循环的用法，那么可以编写不同形式的 `for` 循环，包括从前向后遍历数组、从后向前遍历数组、改变循环计数器的步长等。

其次，如果程序员疲于应付更复杂的编程概念，那么也可以考虑修改程序而不是从零开始编写程序。修改程序有助于程序员集中精力研究新的概念与自己已经掌握的概念有何不同。例如，不熟悉列表推导式的程序员不妨先编写大量用循环替代列表推导式的程序，再逐步调整代码，直到把循环全部替换为列表推导式。这个过程能帮助程序员从不同角度思考差异，同样是一种很好的实践。积极比较不同形式的代码可以强化编程概念的等价性，第 3 章讨论的利用抽认卡学习列表推导式就是一例。

学习的诀窍在于使用抽认卡勤加练习。与抽认卡类似，间隔重复也是学习的重要法宝。建议每天留出一些时间进行练习，直到能够不费吹灰之力完成各项任务。需要强调的是，间隔重复在编程中同样比较少见，所以程序员最初可能不太习惯运用这种方法，但只要坚持下去就会有收获。和举重一样，每次重复都会让运动员变得更强。

10.4　从代码及其解释中汲取经验

如前所述，不存在放之四海而皆准的问题解决技能，单纯依靠多写代码来提高问题解决能力很难收到良好的效果。我们还讨论了利用刻意练习来巩固编程小技能。虽然在自主阶段掌握各类小技能有其必要性，但尚不足以解决更复杂的问题。

提高问题解决能力的第二种方法是认真研究其他人的解决方案，也就是通常所说的**样例**。

从第 4 章的讨论可知，澳大利亚心理学家 John Sweller 首先提出了认知负荷理论。他深入研究了领域特定策略对问题解决能力的重要性。

Sweller 在数学教学中教学生如何解代数方程，但很快发现他们从求解传统的代数问题中几乎学不到什么知识，沮丧的 Sweller 从那时起对研究解决问题的教学方法产生了兴趣。为加深了解，Sweller 和同事 Graham A. Cooper 在 20 世纪 80 年代做了一系列实验：两人从澳大利亚一所中学找来 20 位九年级学生，把这些年龄在 14 ~ 15 岁的学生分为两组，并要求他们求解典型的代数方程，例如"已知 $a = 7 - 4a$，求 a"。

虽然需要求解的代数方程是一样的，但两组学生的情况有所不同。如图 10-5 所示，第二组学生在解方程时只能自力更生（不妨想想自己上中学时解方程的情况），而第一组学生在解方程时还拿到了 Sweller 和 Cooper 提供的样例。样例包括解方程的详细步骤，相当于一套解题口诀。

图 10-5   两组学生求解相同的代数方程，但第一组学生（左）可以参考详细描述解题
步骤的样例（口诀）

两组学生解完方程后，Sweller 和 Cooper 比较了他们的表现，发现第一组学生的表现极为亮眼，解题速度是第二组学生的 5 倍。这个结果也许并不令人意外，毕竟第一组学生在解方程时可以参考口诀。

有些老师不愿在教学中引入口诀，认为口诀只会使学生亦步亦趋，最终结果是知其然而不知其所以然。为此，Sweller 和 Cooper 又测试了两组学生在解其他代数方程时的表现，发现第一组学生的表现依然优于第二组学生。第一组学生使用口诀给出的计算规则进行求解，例如方程两边同时减去或除以同一个数。

样例效应已经在针对不同年龄段和不同学科（包括数学、音乐、国际象棋、体育以及编程）的许多研究中得到重复。

10.4.1   第三种认知负荷：关联认知负荷

许多专业程序员可能对 Sweller 的研究结果感到惊讶。人们往往以为，要想提高儿童的问题解决能力，就应该鼓励他们去解决问题；要想成为优秀的程序员，就应该多写代码。但 Sweller 的研究似乎表明事实并非如此，下面我们将深入剖析其中的原因。比起只能独立求解方程的第二组学生，为什么使用样例（口诀）的第一组学生表现得更出色？根据 Sweller 的解释，这要归因于工作记忆的认知负荷。

我们知道，工作记忆是应用于给定问题的短时记忆。短时记忆只能存储 2~6 个信息元素（相关讨论参见第 2 章），工作记忆同样只有大约 2~6 个用来加工信息的"插槽"。

我们还知道，一旦工作记忆达到饱和状态，思维活动就无法正常进行。如图 10-6 所示，如果工作记忆不堪重负，那么大脑也就无法将信息转移至长时记忆。

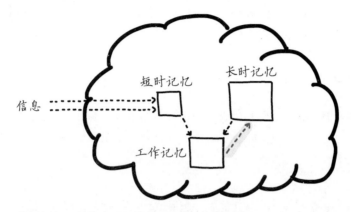

图 10-6　工作记忆加工的信息要想转化为长时记忆（图中突出显示的箭头），就需要给
　　　　关联认知负荷留出空间。如果工作记忆达到饱和状态（认知负荷过重），则无
　　　　法存储任何信息

第 4 章讨论过两种认知负荷：一种是问题本身引起的内部认知负荷，另一种是问题表述引起的外部认知负荷。但除此之外还有第三种认知负荷：关联认知负荷。

关联认知负荷与图式构建和自动化有关，用于描述大脑将信息转化为长时记忆而付出的努力。如果内部认知负荷和外部认知负荷增加，那么关联认知负荷就会减轻，导致大脑很难记住曾经解决过的问题及其解决方案。

这就是为什么有时程序员在加班"撸代码"后会忘记自己做过哪些工作，因为用脑过度导致大脑没有空间存储解决方案。

介绍完 3 种认知负荷后，我们再来看看 Sweller 和 Cooper 针对九年级学生所做的实验，就能理解为什么使用口诀的第一组学生在解其他方程时依然表现出色：他们的认知负荷并不高，因此有余力思考并记住这些口诀。第一组学生发现，解代数方程时最好进行移项操作并把正号变为负号、负号变为正号，或方程两边同时除以同一个数。

第一组学生从口诀中学到的方法适用于求解大部分代数问题，因此在解其他方程时能够做到举一反三、触类旁通。第二组学生在用心思考的同时更注重当前的问题，而不是一般性规则。

10

其实，不必担心教学口诀不利于学习。我不否认下面的说法听起来合情合理：要想提高儿童的问题解决能力，就应该鼓励他们去解决问题。程序员圈子也奉行同样的原则：要想成为更优秀的程序员，就应该多写代码。接些"私活"并大胆尝试，就能有所斩获。但事实似乎并非如此。

Sweller 的实验偏重于数学教学，但研究人员也针对程序设计做过类似的实验并得到了类似的结果：与编写代码相比，阅读代码及其解释可以给儿童带来更多收获。[1]正如荷兰心理学家 Paul A. Kirschner 所言："一个人不会因为做了专业的事情就成为专家。"

10.4.2　在工作中运用样例

如前所述，有意识地研究代码和代码编写过程有助于提高编程水平。研究代码时可以使用的资源非常丰富。

1. 与同事合作

首先，程序员不必单打独斗，与其他人一起研究代码的效果更好。不妨找几位志同道合的同事，共同组织一个代码阅读俱乐部（例如我发起的 Code Reading Club）。大家一起学习更容易养成定期阅读代码的习惯，俱乐部的成员之间可以交换代码和解释并相互学习。

第 5 章介绍过几种有助于理解程序的策略，例如编写代码摘要。阅读代码时，摘要能起到解释的作用。研究自己的代码和摘要固然有用，但更有效的手段是先为自己所写的代码编写摘要，再与同事交流并学习对方所写的代码。

2. 用好 GitHub

对只能独自探索代码阅读实践的程序员来说，幸好还有网上的大量源代码和文档可供参考。强烈建议从 GitHub 入手阅读代码。挑选一个有所了解的仓库（例如自己使用的库），然后阅读其中的代码即可。最好不要选择完全陌生的仓库，至少应该对相关领域略知一二，以免因为遇到太多不熟悉的单词和概念而加重外部认知负荷，从而可以集中精力研究代码。

3. 阅读探讨源代码的图书或博文

许多博文记录了程序员解决某个编程问题的方法，这些博文同样可以作为研究代码的资料。探讨代码及其解释的图书数量不多，但 Amy Brown 和 Greg Wilson 编写的两卷本 *The Architecture*

---

① Marcia C. Linn, Michael J. Clancy. The Case for Case Studies of Programming Problems, Communications of the ACM, vol. 35, no. 3, 1992.

of Open Source Applications 以及 Amy Brown 和 Michael DiBernardo 编写的 *500 Lines or Less* 都是不错的资料。

10.5　小结

- 程序员普遍认为问题解决能力是一项通用技能，实则不然。程序员对编程的先验知识以及待解决的编程问题都会影响解决问题的速度。
- 长时记忆存储不同类型的记忆，这些记忆在解决问题时会起到不同的作用。内隐记忆（程序性记忆）和外显记忆（陈述性记忆）是两类主要的记忆。内隐记忆相当于"肌肉记忆"，是有关"怎样做某事"的记忆，例如盲打；外显记忆是能够有意识地回想起某些事实的记忆，例如 for 循环的语法。
- 为强化与编程有关的内隐记忆，最好能实现相关技能的自动化，例如熟练掌握盲打并记住相关的键盘快捷键。
- 为强化与编程有关的外显记忆，建议研究现有的代码，最好能对照描述设计思想的代码解释进行学习。

10

Part 4

代码协作

到目前为止，我们的讨论侧重于个人开发者，但软件开发其实是团队合作的结果。本书第四部分将剖析如何进入心流状态，以便在编写代码时减轻干扰带来的负面影响。我们还将讨论如何开发便于其他团队成员处理的大型系统，并介绍适岗培训流程。

## 第 11 章

编程活动和任务

11

❑ 比较程序设计包含的各种编程活动

❑ 探讨促进各种编程活动的方法

❑ 分析打断程序员的思路为什么会影响他们的工作效率

❑ 讨论思路被打断后如何在最短的时间内找回工作状态

之前的章节介绍了阅读代码和编写代码时起作用的认知过程，并分析了如何写出可读性更强的代码以及如何提高解决问题的效率。

本章的讨论重点将从代码本身转向认知过程在编程活动中所扮演的角色。我们首先深入探讨程序设计包括哪些不同的活动，并分析如何最大限度地促进这些编程活动；然后讨论打断程序员的思路会产生哪些认知影响，解释为什么程序员非常反感在工作时被打断，并分析如何减轻干扰带来的负面影响。读完本章后，程序员不仅能加深对各种编程活动的了解，还能更从容地应对干扰。

11.1 程序设计包括不同的编程活动

程序设计可能涉及不同类型的活动，有关这些活动的描述最早见于英国学者 Thomas R. G. Green、Alan F. Blackwell 和 Marian Petre 提出的**符号认知维度**（cognitive dimensions of notation）框架，第 12 章将详细介绍 3 人的研究成果。符号认知维度框架旨在评估编程语言或代码库的认知影响，这种框架将程序设计分为 5 种编程活动：搜索、理解、转写、递增和探索。

图 11-1 概述了上述 5 种编程活动、这些活动可能涉及的编程任务以及每种活动会影响哪些记忆。

编程活动	编程任务					影响哪些记忆
	执行代码	编写代码	测试代码	阅读代码	重构代码	
搜索	✓			✓		短时记忆
理解	✓		✓	✓	✓	工作记忆
转写		✓				长时记忆
递增	✓	✓	✓	✓	✓	全部3种记忆
探索	✓	✓	✓	✓	✓	全部3种记忆

图 11-1　5 种编程活动以及最常使用的记忆一览

11.1.1　搜索活动

搜索是在代码库中查找特定信息的活动。搜索对象既可以是待解决问题的确切位置，也可以是某个方法的所有调用，还可以是变量的初始化位置。

搜索活动主要与阅读代码和执行代码有关，程序员可能使用断点和调试工具，或是在执行代码时依靠打印语句。搜索活动会影响短时记忆。大脑既要记住搜索的内容，也要记住已经搜索过的代码及其原因，还要记住需要进一步搜索的内容。因此，最好通过做笔记的方式来促进搜索活动，将短时记忆存储的部分信息转移到纸上或单独的文档中。建议程序员记下正在搜索、准备搜索以及已经找到的信息。

从前几章的讨论可知，某些情况下可以暂时修改代码以帮助自己理解。搜索代码时，不妨考虑在注释中留下一些提示，把阅读代码的原因记录在案，例如"个人感觉该方法可能与 Page 类的初始化有关"。今后在代码中查找同样的信息时，这样的注释也许能派上用场。如果由于开会或临近下班而无法一鼓作气完成搜索，那么做笔记就显得尤为重要。记下搜索步骤有助于下次完成搜索。

11.1.2　理解活动

理解活动涉及阅读代码和执行代码以了解其功能。理解活动与搜索活动类似，不同之处在于程序员不太熟悉代码的具体功能——要么因为代码是自己很久以前写的，要么因为代码是别人写的——所以需要进行研究。

从第 2 章的讨论可知，程序员平均要花差不多 60% 的时间来理解现有的源代码，因此理解活动在程序员的日常工作中很常见。

11

除了代码阅读和代码执行，理解活动还可能涉及代码测试和代码重构。代码测试的目的是进一步了解代码的工作原理，代码重构的目的则是提高代码可读性（相关讨论参见第 4 章）。

代码重构之所以有效，是因为理解活动会显著影响工作记忆。程序员必须依靠推理来分析尚未完全理解的代码，因此改善工作记忆是促进理解活动的最佳手段。程序员不妨考虑为代码构建模型，并随时根据新获得的信息进行调整。这样做的原因是从外部信源提取信息比从工作记忆提取信息更容易。模型还能帮助程序员判断脑海里是否存在关于代码的迷思概念。此外，如果无法一气呵成完成代码分析，那么下次进行分析时，所有笔记和绘图都能使程序员更快地找回工作状态。

11.1.3　转写活动

转写活动大体围绕写代码进行。程序员针对希望为代码库添加或修改的内容制定出具体的方案，然后根据方案行事。狭义上的转写活动只涉及写代码，不涉及其他。

由于大脑必须能够回忆起代码实现的语法结构，因此转写活动主要影响长时记忆。

11.1.4　递增活动

递增是搜索、理解和转写的结合。代码库递增意味着增添新功能，可能既包括搜索添加代码的位置（何处添加），也包括理解现有的代码（怎样添加），然后将想法转写为实际的代码。

递增活动具有混合性，所以会影响全部 3 种记忆。专业程序员在工作中与各种递增任务打交道最多，因此注释和重构是改善记忆以增进理解的不二法门。

哪种记忆受到的影响最大取决于程序员对编程语言和代码库的熟悉程度。如果程序员精通正在使用的编程语言，那么长时记忆也许不费吹灰之力就能记住语法；如果程序员熟知当前的代码库，那么工作记忆和短时记忆也许不会受到搜索代码和理解代码的影响。

然而，如果程序员既不太熟悉编程语言，也不太熟悉代码库，那么递增任务就会变得困难重重。如有可能，尽量将递增任务分解为若干个独立的子任务。仔细思考正在执行的子任务有助于改善相关的记忆。建议从搜索相关信息入手，然后"吃透"信息，再以此为基础添加所需的代码。

11.1.5　探索活动

符号认知维度框架描述的最后一种活动是探索代码。从本质上讲，探索活动是运用代码来勾画问题的轮廓。程序员对于计划实现的目标可能只有粗浅的认识,而编写代码有助于厘清思路,找出问题的实质以及需要用到的编程结构。

与递增活动一样,探索活动往往涉及众多环环相扣、类型不同的编程相关任务,包括编写代码、执行代码、运行测试代码以查看解决问题的思路是否正确、阅读现有的代码等。如果方案经过调整,那么也许还要重构代码使之更符合新方案。

探索活动可能需要频繁使用 IDE 提供的工具,例如运行测试以查看小的改动是否会影响各类测试、利用自动化重构工具进行代码重构、借助“查找依赖项”功能来快速浏览代码等。

探索活动也要依靠其他不同的活动,所以会影响全部 3 种记忆,但是对工作记忆的影响尤其明显,因为编程时需要视情况调整方案和设计。程序员可能认为把方案写下来会破坏心流状态并拖慢进度,但简单记录一下设计方向或设计决策大有裨益,有助于“放空”大脑以便更深入地思考问题。

11.1.6　为什么符号认知维度框架不包括调试活动

程序员经常会问,为什么符号认知维度框架不包括调试活动?原因在于程序调试往往涉及全部 5 种活动。调试的目的是修复错误,但修复错误前通常先要找到错误在哪里。

程序员往往需要反复探索代码、搜索代码和理解代码,然后在此基础上编写代码并进行调试,因此通常可以将调试活动看作 5 种编程活动的结合。

📖 练习 11-1

请在下次编程时思考符号认知维度框架描述的 5 种活动:哪种活动会占据大部分工作时间? 在进行搜索、理解、转写、递增和探索活动时,你会遇到哪些困难? 请根据自身实际情况填写表 11-1。

表 11-1　5 种编程活动

编程活动	编程任务	所需时间
搜索		
理解		
转写		
递增		
探索		

11

11.2   受到干扰的程序员

如今,许多程序员在开放式办公室工作,随时可能受到干扰。那么思路被打断对程序员的大脑和工作效率会产生哪些影响呢? 早在 20 世纪 90 年代中期,荷兰代尔夫特理工大学教授 Rini van Solingen 就研究过这个问题。

van Solingen 以两家不同的组织为对象展开研究,发现结果惊人地相似。数据显示,程序员经常受到干扰,每次持续 15 ~ 20 分钟。工作期间,程序员要用差不多 20%的时间来应付各种干扰。随着 Slack 以及其他即时通信应用程序的使用日益广泛,程序员受到干扰的情况如今可能更加普遍。[①]

近年来,科学家针对干扰问题所做的研究也越来越多。第 3 章曾简要介绍过美国北卡罗来纳州立大学副教授 Chris Parnin 的工作,他把 85 位程序员的 10 000 次编程会话记录在案,以研究打断正在工作的程序员会造成哪些影响。[②]Parnin 的研究确认了 van Solingen 的发现,那就是程序员的思路被打断属于“家常便饭”:数据显示,程序员平均每天只有两小时能排除干扰、专心工作。程序员也承认,干扰对自己的影响很大。微软公司的一项研究表明,62%的程序员认为思路被打断后再找回工作状态相当不易。[③]

11.2.1   编程任务需要“预热”

从第 9 章的讨论可知,功能性近红外光谱仪可以用来测量认知负荷。通过功能性近红外光谱技术,研究人员不仅能了解哪种类型的代码会产生认知负荷,还能了解认知负荷在编程任务中的分布情况。

2014 年,日本奈良先端科学技术大学院大学研究员中川尊雄等人借助功能性近红外光谱头带测量了被试者的大脑活动。[④]在这项研究中,研究人员要求被试者阅读采用 C 语言编写的几种算法,每种算法包括两个版本,分别是普通实现和有意复杂化的实现。例如,在不改变程序功能的情况下,研究人员通过调整循环计数器以及其他参数使变量值保持频繁和不定期的更新。

研究人员得到两个有趣的结果。首先,算法有难有易,在阅读高难度算法时,10 位被试者中有 8 人的认知负荷发生了显著变化。其次,研究人员通过观察脑血流量何时出现最大增幅来分

---

① Rini van Solingen et al. Interrupts: Just a Minute Never Is, IEEE Software, vol. 15, no. 5, 1998.

② Chris Parnin, Spencer Rugaber. Resumption Strategies for Interrupted Programming Tasks, 2009.

③ Thomas D. LaToza et al. Maintaining Mental Models: A Study of Developer Work Habits, 2006.

④ 参见 P150 脚注①。

析认知负荷的峰值，发现程序理解进行到一半时被试者的认知负荷最高。

Nakagawa 等人的研究表明，程序理解任务中或许存在某种预热期和冷却期，最难的工作在两个阶段之间进行。专业程序员可能发现需要这段预热期来"进入状态"，以便构建代码的心智模型并为转写活动做好准备。如前所述，主动将复杂的编程任务分解为若干个子任务会有帮助。

11.2.2　思路被打断的后果

Parnin 还研究了打断程序员的工作会造成哪些后果。不出所料，思路被打断会严重影响程序员的效率：受到干扰的程序员往往需要大约一刻钟才能重新开始编写代码；如果在程序员修改某个方法时打断他们，那么只有 10% 的程序员能够在 1 分钟内找回工作状态。

怎样才能把思绪拉回代码呢？Parnin 发现，打断正在工作的程序员会导致工作记忆丢失代码的重要信息。他们往往要花大力气来重建上下文，通过浏览代码库的几个位置来回忆细节，然后才能继续编写代码。参与实验的程序员还会为自己留下提示，例如在代码中插入一些随机字符来强制产生编译错误。Parnin 把这种做法称为**路障提醒**，其目的是确保把代码写完而不会不了了之。此外，有些程序员将当前版本与主版本之间的差异作为找回工作状态的最后手段，但查找实际的差异可能很费劲。

11.2.3　如何减轻干扰的影响

如前所述，程序员的思路经常被打断，找回工作状态要大费周章。接下来，我们将深入探讨思路被打断时的大脑活动，以帮助程序员更好地应对干扰。如图 11-2 所示，本节将介绍 3 种有助于在思路被打断时找回工作状态的方法。

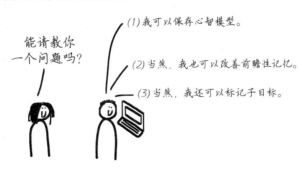

图 11-2　帮助程序员在思路被打断时找回工作状态的 3 种方法

1. 保存心智模型

本书前面讨论过用于改善工作记忆和短时记忆的各种方法，包括做笔记、绘制模型、重构代码使之更容易被大脑接受等。这些方法同样可以帮助程序员在思路被打断时找回工作状态。

Nakagawa 等人的研究表明，理解活动包括一个预热期，大脑很可能利用这段时间为当前的代码构建心智模型。如果把部分心智模型与代码分开存储，则有助于迅速恢复心智模型。在注释中加入心智模型的解释同样有用。

有些程序员认为程序应该做到"代码即文档"，自文档化代码无须依靠注释就能理解，所以大量使用注释是不智之举。然而，从代码中很难看出编写者的思维过程，因此往往无法充分反映出他们的心智模型。举例来说，很少有程序员会在编写代码时解释选择某个方法的原因、代码的目标或者为代码实现而准备的替代方案。如果这些决策没有被记录在案，那么代码阅读者只能自己去琢磨代码编写者的意图，无疑会浪费许多时间。对于注释问题，美国计算机科学家 John Ousterhout 在 *The Philosophy of Software Design* 一书中说得好："注释背后的总体思路是获取存在于编写者脑海里但没有体现在代码中的信息。"

把决策记录在案不仅能极大方便其他代码阅读者，而且有助于代码编写者暂时保存自己构建的心智模型，从而为后续编程提供便利。美国计算机科学家 Fred Brooks 在《人月神话》一书中指出，注释无处不在，因此是程序理解过程的重中之重。尽管做笔记或写文档有助于程序理解，但也要承认，当程序员再次着手编写代码时，查找相关的文档可能会加重认知负荷。

如果遇到思路被打断但可以暂时忽略干扰的情况，那么将自己为代码构建的最新心智模型全部写进注释可能有很大帮助。例如，比起需要立刻接听的电话，收到不必马上回复的 Slack 消息、向自己请教的同事不介意稍等片刻都是可以暂时忽略的干扰。"推迟法"并不能解决所有问题，但某些情况下可能会派上用场。

2. 改善前瞻性记忆

为运用这种方法，必须进一步了解不同类型的记忆。从第 10 章的讨论可知，长时记忆存储的记忆可以分为两类：一类是程序性记忆（内隐记忆），另一类是陈述性记忆（外显记忆）。

除了上述两种记忆，还有一种关系到将来而不是过去的记忆，这种记忆称为**前瞻性记忆**，是记住将来要做某事的记忆，与计划和问题解决密切相关。无论是提醒自己回家时记得去超市买牛奶还是稍后重构某段糟糕的代码，都是前瞻性记忆在起作用。

如何改善程序员的前瞻性记忆一直是学界的研究课题，科学家针对程序员缓解前瞻性记忆减退的方法进行了各种研究。例如，研究人员发现，程序员经常在所开发的某段代码中加入"待办事项"注释，以提醒自己不要忘记写完或改进那段代码。[①]当然，这类注释可能会存在很长一段时间，待办事项往往"待而不办"，大多数程序员对这种情况并不陌生。如图 11-3 所示，在 GitHub 上进行的一项搜索表明，包含单词"TODO"的代码结果超过 1.36 亿条。

图 11-3　待办事项注释在代码库中可能会存在很长一段时间，最终不了了之

除了待办事项注释和有意为之的编译错误，程序员还会采用其他上班族采用的方法，例如把便条贴在桌上以及给自己发送电子邮件。当然，便条和邮件的缺点是与代码库脱节，但仍然能起到一定作用。

为帮助思路被打断的程序员改善前瞻性记忆，Parnin 还开发了一种名为"attachables"的 Visual Studio 插件。例如，程序员可以利用这种插件把待办事项加入代码，并设置有效期来提醒自己不要忘记处理。

---

① Margaret-Anne Storey et al. TODO or to Bug: Exploring How Task Annotations Play a Role in the Work Practices of Software Developers, 2008.

3. 标记子目标

第三种缓解干扰的方法称为子目标标记法，也就是明确写下可以把问题分解为哪些小步骤。举例来说，文本解析和重组可以分为以下 3 步。

第 1 步：解析文本并接收分析树。

第 2 步：筛选分析树。

第 3 步：将分析树展平为文本格式。

这些步骤本身不难想到或记住，但如果程序员在中间阶段受到干扰，那么把思绪拉回代码并回忆原本要完成的任务可就不太容易了。以我自己为例，当遇到某项比较复杂的编程任务时，我会设法先把每一步写成下面这样的注释。

```
# parse text
# receive parse tree
# filter the parse tree and
# flatten tree back into text format
```

我可以根据这些步骤（子目标）思考如何补全每一部分代码，而且总会准备一套备用方案。美国佐治亚州立大学学习科学系副教授 Lauren E. Margulieux 针对程序员开展的一项研究表明，在提供子目标的情况下，程序员会使用它们来规划解决方案。[①]

子目标不仅有助于思路被打断的程序员找回工作状态，而且在其他场合也能派上用场。例如，代码中的一些子目标可以保留为注释，今后作为文档使用。子目标在团队协作中也有用武之地：资深程序员负责制定子目标，其他程序员负责实现各个子目标，大家相互配合，共同完成某个复杂的解决方案。

11.2.4　限制干扰出现的时机

从第 9 章的讨论可知，研究人员利用问卷调查和大脑测量法等各种手段来检测大脑的认知负荷。此外，其他方法也能用于测量某项任务产生的认知负荷。

双任务测量就是这样一种方法。所谓"双任务"，是指被试者在执行第一项任务的同时还要执行第二项任务。举例来说，被试者在解数学方程时，屏幕上还会随机显示字母"A"，只要看

---

① Lauren E. Margulieux et al. Subgoal-Labeled Instructional Material Improves Performance and Transfer in Learning to Develop Mobile Applications, 2012.

到"A"出现，被试者就要尽快点击。通过测量被试者执行第二项任务（点击"A"）的速度和准确性，就能很好地了解大脑的认知负荷。研究人员发现，双任务测量是估计认知负荷的一种有效手段。但这种方法也有不足之处，那就是第二项任务本身也会加重认知负荷，从而对第一项任务造成干扰。

研究人员利用双任务测量来探索认知负荷与干扰之间的联系。Brian P. Bailey 是美国伊利诺伊大学厄巴纳-香槟分校计算机科学系教授，他在职业生涯的大部分时间里致力于研究干扰产生的原因和影响。

在 2001 年开展的一项研究中，50 位被试者需要在受到干扰的情况下执行主要任务。[①]研究人员设计了不同类型的任务，例如统计表格中单词的出现次数、阅读文本并回答相关问题等。在被试者执行这些主要任务时，突发新闻、股市动态等无关信息会分散他们的注意力。这项研究属于对照实验，研究人员把被试者分为两组，一组在执行主要任务期间受到干扰，另一组则在执行完主要任务后才受到干扰。

尽管实验结果不出所料，但确实使研究人员进一步认识到思路被打断所带来的影响。从被试者的表现来看，比起在没有受到干扰的情况下完成任务，在受到干扰的情况下完成任务不仅要花费更长时间（不考虑实际的干扰时间），也要消耗更多脑细胞。

除了评估被试者完成任务的时间以及对任务难易度的感受，Bailey 还研究了被试者的情绪状态。每次在执行任务期间受到干扰时，被试者都要回答有关烦躁程度和焦虑程度的问题。这些问题的答案表明，在受到干扰的情况下执行任务会影响被试者的这两项指标：相对于在执行完主要任务后受到干扰的被试者，在执行主要任务期间受到干扰的被试者不仅更加烦躁，也更加焦虑。在 2006 年开展的一项后续研究中，Bailey 使用了非常类似的实验条件，结果发现被试者受到干扰时的错误率是没有受到干扰时的两倍。[②]

根据上述研究的结果，可以得出这样一个结论：如果思路被打断在所难免，那么把干扰限制在更合适的时候发生（例如完成一项任务后）或许有助于减轻其负面影响。受到这种思路的启发，在瑞士苏黎世大学攻读博士学位的 Manuela Züger 与他人合作开发了一种基于计算机交互数据的指示灯——FlowLight。

11

[①] Brian P. Bailey et al. The Effects of Interruptions on Task Performance, Annoyance, and Anxiety in the User Interface, 2001.

[②] Brian P. Bailey, Joseph A. Konstan. On the Need for Attention-Aware Systems: Measuring Effects of Interruption on Task Performance, Error Rate, and Affective State, Computers in Human Behavior, vo. 22, no. 4, 2006: 685–708.

FlowLight 是一种可以放在办公桌上或显示器上方的小型 LED 灯，根据打字速度、鼠标点击等计算机交互行为来检测程序员是否全神贯注于工作以及大脑是否正在承受较高的认知负荷。通俗地讲，这种指示灯用于检测程序员是否"进入状态"。当程序员的注意力高度集中时，指示灯会闪烁红光，意味着不应该去打扰他们；当程序员的活动略有减少时，指示灯会持续发出红光；当程序员似乎闲下来时，指示灯会变为绿色。

Züger 以来自 12 个国家和地区的 449 位程序员为对象开展了一项大规模现场研究，发现 FlowLight 可以减少 46%的干扰，而且许多人在研究结束后仍然会继续使用这种指示灯。[1] FlowLight 现已上市。

11.2.5　关于多任务处理的一些思考

在阅读探讨干扰的资料时，你可能已经思考过多任务处理的概念。思路被打断真有那么糟糕吗？大脑不能像多核处理器那样同时运行多个程序吗？

1. 多任务处理和自动化

遗憾的是，大量证据表明，人们无法在认知负荷较高时做到一心多用。这个结论似乎缺乏说服力，因为一边听歌一边看书、一边跑步（或编织）一边听书的情况十分常见。既然如此，那么"一心不能二用"有什么根据呢？

从第 10 章的讨论可知，信息存储分为认知、联想和自主 3 个阶段。之所以一心不能二用，是因为在没有达到自主阶段前，大脑无法同时处理两项或两项以上的任务。换句话说，我们之所以能在看书的同时做其他事情（例如听歌），是因为阅读和其他任务都已实现自动化。然而，有时在阅读一篇难度特别大、包含许多新观点的文章时，我们感觉需要把音乐声调低才能更好地集中注意力。这是因为大脑发出了一心不能二用的信号。我们在准备停车时觉得有必要调低收音机的音量也是这个道理。

有人可能认为大脑具备多任务处理能力，但科学研究表明，这种想法未免有些乐观。

2. 多任务处理的相关研究

Annie Beth Fox 目前是美国麻省综合医院–健康职业学院定量方法学助理教授，她在 2009 年

---

[1] Manuela Züger et al. Reducing Interruptions at Work: A Large-Scale Field Study of FlowLight, 2017.

曾经做过一项实验。[1]Fox 将参与实验的学生分为两组：一组边阅读课文边使用即时通信工具，另一组全神贯注阅读课文。结果表明，虽然两组学生都能很好地理解课文内容，但受到消息干扰的学生在阅读课文和回答相关问题时要多花 50% 左右的时间。

在 2010 年开展的一项研究中，荷兰心理学家 Paul A. Kirschner 找来大约 200 位学生，分析他们使用 Facebook 的习惯。[2]虽然重度 Facebook 用户与非重度 Facebook 用户的学习时间一样长，但重度 Facebook 用户的平均成绩明显较低，这种情况在收到消息后立即回复的学生身上体现得尤其明显。有趣的是，一心多用的学生往往会觉得自己的效率很高。

在 2008 年开展的一项对照实验中，研究人员要求被试者一边执行任务，一边使用在线通信工具与同伴交流。[3]被试者对自己的表现感到满意，但同伴对他们的评价则低得多。由此可见，在写代码的同时通过 Slack 聊天未必有利于完成工作。

11.3　小结

- 程序设计包括搜索、理解、转写、递增和探索这 5 种编程活动。每种活动会对不同类型的记忆造成压力，因此应该根据具体情况采取相应的措施。
- 打断正在编程的程序员不仅令人生厌，而且会影响他们的工作效率，因为程序员需要花时间重新构建代码的心智模型。
- 为降低思路被打断带来的负面影响，建议通过做笔记、写文档或写注释的方式把心智模型从记忆中转移出来。
- 如果保存心智模型无助于完成任务，那么就应该设法改善前瞻性记忆。
- 如果思路被打断在所难免，那么就尽量把干扰限制在认知负荷较低的时候发生，可以考虑使用 FlowLight 指示灯或手动设置 Slack 状态。

11

[1] Annie Beth Fox et al. Distractions, Distractions: Does Instant Messaging Affect College Students' Performance on a Concurrent Reading Comprehension Task, Cyberpsychology and Behavior, vol. 12, 2009: 51–53.

[2] Paul A. Kirschner, Aryn C. Karpinski. Facebook® and Academic Performance, Computers in Human Behavior, vol. 26, no. 6, 2010: 1237–1245.

[3] Xu Lingbei. Impact of Simultaneous Collaborative Multitasking on Communication Performance and Experience, 2008.

## 第 12 章

设计和改进大型系统

12

内容提要

❑ 分析不同的设计策略对代码库的可理解性会产生哪些影响

❑ 探讨在不同的设计策略之间进行权衡

❑ 介绍如何改进现有代码库的设计以完善认知加工

前文讨论了如何最大限度地提高阅读代码和编写代码的效果，为此我们分析了认知过程在读写代码时会起到哪些作用。但是就规模更大的代码库而言，代码内容只是影响团队成员理解的因素之一，程序员组织代码的方式同样会极大地影响其他人处理代码的难易程度。对有些库、框架或模块来说，团队成员更多情况下是使用代码而非修改代码，因此代码的组织方式就显得尤为重要。

程序员经常从技术角度分析库、框架或模块（例如用到哪些编程语言）。除此之外，也可以从认知角度分析代码库。本章将探讨符号认知维度，它是从认知角度分析代码库的一种手段，可以帮助程序员评估现有的大型代码库，例如"这段代码是否便于其他人修改"或"这个代码库是否便于其他人查找信息"。从认知角度而不是技术角度来分析代码库有助于程序员进一步了解团队成员如何使用自己编写的代码。

本章首先介绍符号认知维度框架并解释这种框架为什么有助于理解代码库，然后详细讨论如何利用经过改进的**代码库认知维度**（cognitive dimensions of codebase）框架来完善现有代码库的设计。

此外，针对第 11 章介绍的 5 种编程活动，本章将剖析代码库的属性如何从不同的角度影响这些不同的编程活动。

12.1 代码库的属性

程序员经常从技术角度讨论库、框架或模块，例如"某个库采用 Python 编写""某个框架使用 Node.js"或"某个模块经过预编译"。

在讨论编程语言时，程序员也会经常关注技术方面的问题，例如编程范式（面向对象编程、函数式编程或既支持面向对象编程又支持函数式编程）、是否存在类型系统、该语言是编译为字节码还是由另一门语言的程序进行解释等。程序员还可以分析语言、框架或库的运行环境，例如某个程序通过浏览器运行还是通过虚拟机运行。这些都属于技术方面的问题（编程语言可以实现哪些功能）。

不过在讨论不同的库、框架、模块或编程语言时，还可以从它们对大脑（而不是计算机）有哪些影响入手进行分析。

📖 练习 12-1

挑选一个最近使用但不是自己编写的代码库，例如为了解如何调用函数而浏览过的某个库，或修复过其中存在错误的某个框架。

选定代码库后思考以下问题。

❑ 哪些因素使执行编程任务的难度降低（例如有文档可供参考、变量名的质量很高或代码包含注释）？
❑ 哪些因素使执行编程任务的难度提高（例如代码结构很复杂或没有文档可供参考）？

12.1.1 认知维度

符号认知维度由英国学者 Thomas R. G. Green、Alan F. Blackwell 和 Marian Petre 率先提出，旨在评估现有大型代码库的可用性。这种框架包括多个不同的维度，分别代表分析当前代码库的不同方法。定义这些维度的最初目的是研究流程图等可视化工具，但后来也用于分析编程语言，因而得名"符号认知维度"。与流程图一样，我们也可以把编程语言看作符号。符号是表达思想和观点的一种系统。

Green、Blackwell 和 Petre 提出的维度只适用于符号，但本书将符号认知维度的应用推广到了代码库而不是编程语言，并命名为代码库认知维度。程序员可以借此来分析代码库，以了解如

12

何理解并改进代码库。当其他程序员经常调用库和框架的代码而不是修改它们时，就更能体现出代码库认知维度的作用。

我们首先逐一介绍各个维度，然后深入分析不同维度之间如何相互影响，并讨论怎样利用这些维度来改进现有的代码库。

1. 易错性

本节讨论的第一种维度称为**易错性**（error-proneness），例如采用某些语言进行编程比采用其他语言更容易出错。

JavaScript 是目前最流行的编程语言之一，但程序员都知道这门语言有一些怪异的极端情况。在 JavaScript 以及其他动态弱类型语言中，声明变量时不需要指定类型，但变量类型在运行时不确定可能会引起错误，令程序员感到困惑。不慎将一种类型的 JavaScript 变量强制转换为另一种类型也可能报错。相反，Haskell 等静态强类型语言可以在程序员编写代码时提供指导，从而降低代码出错的概率。

易错性既可用于评估编程语言，也可用于评估代码库。例如，约定不一致、没有文档可供参考、标识符含义不明确等问题都可能导致代码库出错。

某些情况下，代码库的维度从编写代码库所用的语言继承而来。例如，比起采用 C 语言编写的库，采用 Python 编写的类似模块可能更容易出错，原因在于 Python 的类型系统没有 C 语言强大，无法发现所有错误。

类型系统的确可以避免错误

那么，类型系统能否将错误拒之门外呢？德国学者 Stefan Hanenberg 曾经做过大量实验来比较 Java 与 Groovy，以证明类型系统确实有助于程序员更快地发现错误和修复错误。实验结果表明，编译器报告代码出错的位置往往就是代码在运行时崩溃的位置。当然，运行代码需要花费更多时间，因此依靠在运行时发现错误通常会比较慢。

为减少易错性，Hanenberg 尝试了各种改进动态类型代码的方法，例如采用更好的 IDE 支持并编写更细致的文档。但即便如此，就程序员查找错误的时间和准确性而言，动态类型系统也不及静态类型系统。

2. 一致性

评估团队成员如何处理编程语言或代码库的另一个维度是**一致性**（consistency）。相似的事物能相似到哪种程度？标识符是否始终遵循同一种命名约定（例如采用第 8 章讨论的名称模具）？代码文件的布局对不同的类来说是否相似？

从函数声明可以看出许多编程语言的一致性。内置函数与自定义函数的用户接口通常没有区别，这一点可能出乎许多人的意料。例如，仅凭 `print()` 或 `print_customer()` 这类函数的函数声明无法判断出函数、编程语言或代码的作者。

如果框架或编程语言没有采用一致的标识符和命名约定，那么大脑就要消耗更多精力来梳理各个元素之间的关系，可能还要花费更长时间来检索相关信息，从而增加认知负荷。

第 9 章曾经指出，一致性与易错性有关。存在语言反模式的代码（例如标识符与代码实现不符）不仅更容易出错，而且会加重认知负荷。

3. 扩散性

从第 9 章的讨论可知，有异味的代码不容易读懂。方法过长是一种广为人知的代码异味，因为构成方法的代码行数太多会增加理解难度。

如果程序员为方法引入了不必要的复杂性，或者试图把太多功能塞进一个方法里，就可能出现方法过长的情况。但是在实现同一种功能时，有些语言确实需要比其他语言更多的空间。符号认知维度框架采用**扩散性**（diffuseness）来描述编程结构占用的空间。

举例来说，采用 Python 编写的某个 `for` 循环如下所示。

```
for i in range(10):
    print(i)
```

采用 C++编写、实现相同功能的 `for` 循环如下所示。

```
for (int i = 0; i < 10; i++) {
    cout << i;
}
```

稍微数一下代码行数可以看到，采用 C++编写的 `for` 循环有 3 行，采用 Python 编写的 `for` 循环则只有两行。然而，扩散性不仅与代码行数有关，也受到代码组块数量的影响。统计单个元素的数量（编程新手可能会将其分块）后会发现，采用 Python 编写的 `for` 循环包括 7 个元素，采用 C++编写的 `for` 循环则包括 9 个元素，如图 12-1 所示。

12

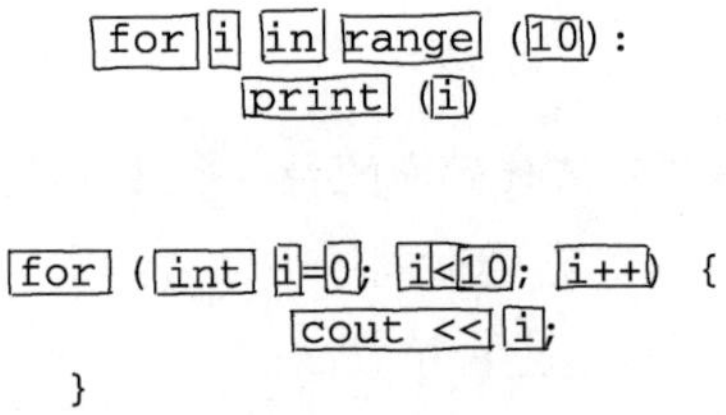

```
for i in range (10):
    print (i)


for (int i=0; i<10; i++) {
    cout << i;
}
```

图 12-1　采用 Python 编写的 for 循环（上）和采用 C++ 编写的 for 循环（下）
包括数量不同的组块

两个 for 循环的组块数量之所以不同，是因为采用 C++ 编写的 for 循环比采用 Python 编写的 for 循环多出一些元素（例如 i++ ）。

即便是采用同一门语言编写、实现相同功能的代码，扩散性也可能存在差异。前几章曾经讨论过 Python 的列表推导式，再来看看下面这两段实现同样功能的 Python 代码：

```
california_branches = []
for branch in branches:
  if branch.zipcode[0] == '9'
    california_branches.append(branch)

california_branches = [b for b in branches if b.zipcode[0] == '9']
```

第二段代码的扩散性低于第一段代码，从而在一定程度上影响到可读性和可理解性。

4. 隐藏的依赖关系

隐藏的依赖关系（hidden dependencies）用于描述依赖关系对用户的可见程度。举例来说，HTML 页面包括一个由 JavaScript 控制、存储在另一个 JavaScript 文件中的按钮，这种情况下很难通过 JavaScript 文件判断哪些 HTML 页面调用了该按钮，因此系统具有较高的隐藏依赖关系。另一个例子是要求代码文件独立于其他文件，用户可能很难看出为保证代码正常运行而需要安装的所有库和框架。

通常情况下，比起调用给定函数的那些函数或类，由另一个函数或类调用的函数具有更好的可见性，因为程序员可以随时阅读函数文本并查看函数体调用的函数。

如图 12-2 所示，目前的 IDE 可以显示隐藏的依赖关系，但程序员仍然需要点击鼠标或使用快捷键来查找依赖关系。

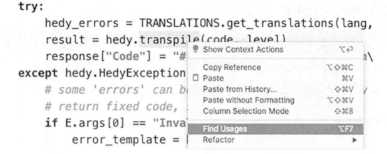

图 12-2　PyCharm 支持查找给定函数的所有调用位置

　　为减轻隐藏的依赖关系造成的影响，代码编写者可以创建更多的文档。团队不妨考虑制定一份讨论和采用依赖关系时需要遵循的策略，并在采用新的依赖关系时进行记录。

5. 临时性

　　临时性（provisionality）用于描述使用工具时思考的难易程度。从第 11 章的讨论可知，如果程序员尚未确定具体的代码实现，则会以探索性的方式进行编程，在此过程中可能用到纸、笔、白板等工具。程序员可以随意绘制草图、添加各种注释，以及编写不完整或不正确的代码而不必有所顾虑，因此纸、笔或白板是具有最终临时性的工具。

　　但是，当程序员开始在代码库中编写代码时，就不能那么随心所欲了。如果写出的代码存在语法错误，那么就无法通过类型检查；如果不进行类型检查，则代码无法运行。虽然这些类型检查很有帮助，但可能会妨碍程序员进行各种尝试，使代码沦为实现目标的手段而不是表达思想的工具。

　　如果某个代码库或某门编程语言存在极为严格的限制（例如使用类型、断言以及后置条件），那么想通过代码来表达思想就要大费周章，这种情况下可以认为该代码库或编程语言的临时性较低。

　　临时性是影响可学习性的一个重要因素，原因在于初次接触某个系统的程序员可能对系统的了解不多，只能写出不完整的代码。对新手而言，在思考代码实现的同时还要考虑类型和语法会显著增加认知负荷。

6. 黏性

　　与临时性有关的维度是**黏性**（viscosity），这个维度用于描述修改给定系统的难易程度。修改采用动态语言编写的代码库往往更容易，因为修改对象仅限于代码，所有相应的类型声明都可以保持不变。修改模块化程度不高、包含大块代码的代码库也很容易，因为直接修改目标代码即可，不必在多个位置调整多个函数或类。

系统是否容易修改既取决于编程语言和代码库本身，也取决于和代码库有关的因素。如果代码库需要很长时间进行编译或运行测试，则会增加每次修改的黏性。

7. 渐进式评估

与临时性有关的另一个维度是**渐进式评估**（progressive evaluation），这个维度用于描述在给定系统中检查或执行部分代码的难易程度。如前所述，临时性较高的系统允许用户勾画出不完整的想法。与之类似，支持渐进式评估的系统允许用户执行不完整或不完善的代码。

某些编程系统支持**实时编程**，程序员可以在不中断代码运行的情况下修改代码并重新运行。Smalltalk 就是这样一种编程系统。

作为第一门支持实时编程的语言，Smalltalk 允许程序员在代码执行期间即时检查并修改代码。Scratch 是面向儿童的编程语言，这门语言深受 Smalltalk 的影响，同样可以在无须重新编译的情况下修改代码。

在设计代码库或库时，程序员还可以为用户提供运行部分代码的选项，以便用户深入了解代码。使用可选参数就是一种支持渐进式评估的设计。对于包含可选参数的函数，库的用户可以先使用默认值编译并运行代码，然后在系统处于工作状态时逐一更新参数。Idris 语言的坑系统（hole）也能体现出渐进式评估：用户可以先挖出一个"坑"（运行部分代码），然后等待编译器给出适合填充"坑"的有效解决方案，再迭代和细化类型以挖出更小的"坑"。这样一来，编译器就能成为探索解决方案的工具，而不是阻碍探索的绊脚石。

如果系统对渐进式评估的支持不够，那么用户就无法运行不完整或不完善的代码，从而影响到系统的临时性。

8. 角色可表达性

角色可表达性（role-expressiveness）用于描述查看程序中不同代码元素所起的作用的难易程度。举例来说，即使是调用无参函数，函数末尾也依然会加上一对圆括号，例如 `file.open()`。虽然编程语言的设计者提供了可以忽略圆括号的选项，但加上圆括号表明 `open()` 是一个函数，大多数语言会这样处理。由此可见，函数末尾的圆括号能够体现出角色可表达性。

语法高亮显示同样能够体现出角色可表达性。许多 IDE 采用不同的颜色来区分关键字和变量，这种设计也有助于查看程序中不同代码元素所起的作用。

角色可表达性还能通过语法实现。例如，调用返回布尔值 is_set 而不是 set 的函数可以帮助代码阅读者理解变量的作用。

第 9 章讨论的语言反模式是一个类似于角色可表达性的概念。如果代码库存在语言反模式，那么函数和方法等结构就会误导代码阅读者判断它们的作用。这说明代码库的角色可表达性较差，并且可能更难理解。

9. 映射紧密性

映射紧密性（closeness of mapping）用于描述编程语言或代码库与待解决问题的领域的接近程度。某些编程语言具备良好的映射紧密性。第 1 章曾以下面这段代码（参见代码清单 12-1）为例讨论过 APL。程序员可能认为 APL 很难掌握，但这门编程语言与向量微积分领域的映射关系其实相当密切。

代码清单 12-1　n 的二进制表示（APL）

```
2 2 2 2 2 T n    ← 把数字 n 转换为相应的二进制表示。这段代码的困惑之处在于
                   代码阅读者可能不清楚 T 的含义
```

举例来说，所有变量在默认情况下都是向量，观察代码清单 12-1 可知，T 作用于所有 2。如果程序员习惯用向量思维来思考问题，而且许多待解决的问题可以借助向量微积分进行处理，那么采用 APL 编写程序时就会如鱼得水。此外，COBOL 与商业和金融领域的映射关系非常密切。Excel 也具备良好的映射紧密性，行和列的布局恰恰是计算机出现前进行财务计算的方式。

Java、Python、JavaScript 等大多数现代编程语言不具备良好的映射紧密性。换句话说，这些语言可以解决所有领域的问题。当然，映射紧密性低不算什么缺点。能够采用 Python 或 Java 来开发解决任何给定问题的程序，而且不需要针对每个新项目或客户学习一门新的编程语言，可以极大地减轻程序员的负担。

代码库与其业务领域的映射关系十分密切。比起使用较多通用术语的代码库，用户往往更容易理解重复使用目标领域的概念和词汇的代码库。例如，与名为 findCustomers() 的方法相比，名为 executeQuery() 的方法的映射紧密性较低。

根据我对行业的观察，最近几年来，人们越来越倾向于将领域更好地纳入代码。例如，领域驱动设计理念要求使用匹配业务领域的结构和标识符，以提高代码库的映射紧密性。

12

📖 练习 12-2

列出代码库中出现的变量名、方法名/函数名、类名等所有标识符，并结合以下问题思考每个标识符的映射紧密性。

❑ 该标识符是否是用领域语言表达的？
❑ 你是否清楚该标识符在代码库之外所表示的进程？
❑ 你是否清楚该标识符在代码库之外所表示的对象？

10. 艰难的心理操作

某些系统会显著增加大脑的负担，用户需要在系统外部执行**艰难的心理操作**（hard mental operation）。例如，Haskell 这类语言要求用户考虑所有函数和参数的类型，如果忽略函数的类型签名则很难写出可以运行的代码。同样，采用 C++ 编写代码时经常要用到指针，而且推理程序时需要依靠指针而不是对象。

当然，艰难的心理操作也不全是坏事，用户所做的思考可能会得到回报。举例来说，严格的类型系统可以减少错误，指针则可以改善程序性能或提高内存使用效率。

但是，当程序员要求用户在自己设计的系统里执行艰难的心理操作时，就必须考虑这个认知维度的影响，并仔细评估需要用户执行的心理操作。

在代码库中，艰难的心理操作往往是那些很"烧脑"的操作。例如，记住大量参数并按照正确的顺序进行调用对短时记忆的要求很高，因此属于艰难的心理操作。

如前所述，含义不明确的标识符不具备良好的映射紧密性，这类标识符也会产生艰难的心理操作。例如，要想记住 execute() 或 control() 这样的非信息性标识符，大脑就需要把它们转化为长时记忆，因此也可能属于艰难的心理操作。

最后请注意，影响工作记忆的操作同样属于艰难的心理操作。如果用户需要从两个来源以两种格式下载数据并转换为第三种格式，那么就必须跟踪不同的数据流以及相应的数据类型。

11. 辅助符号

辅助符号（secondary notation）用于描述程序员为代码添加的额外信息，这些信息不属于形式规约。源代码的注释就是最常见的辅助符号。注释不是可执行代码，不会影响程序运行，但可以提高程序的可读性。Python 的命名参数也是一种辅助符号。如代码清单 12-2 所示，参数值可以和参数名一起传递，请注意调用位置的参数顺序可能不同于函数声明中的参数顺序。

代码清单 12-2　Python 的关键字（命名）参数

```
def move_arm(angle, power):
    robotapi.move(angle,power)
# 调用 move_arm() 函数的 3 种方式
move(90, 100)
move(angle = 90, power = 100)
move(power = 100, angle = 90)
```

这段 Python 代码给出了调用函数的 3 种方式：
按参数的顺序、按参数名的顺序以及按参数名的
任意顺序

采用 Python 编写代码时，为函数调用添加命名参数不会改变代码的执行方式，但的确可以使 IDE 在调用函数时体现出各个参数的作用。

12. 抽象

抽象（abstraction）用于描述系统用户能否创建与内置抽象一样强大的抽象。举例来说，大多数编程语言支持创建函数、对象或类，允许程序员编写在许多方面类似于内置函数的函数。自定义函数可以包括输入参数和输出参数，用法与内置函数相同。通过自定义函数，用户得以按照自己的想法来塑造语言并添加抽象。虽然目前的大多数语言提供创建自定义抽象的功能，但今天的许多程序员从未接触过汇编语言这样的预结构化编程系统，也不了解不提供这类抽象机制的一些 BASIC 方言。

库和框架同样支持创建自定义抽象。例如，有些库只允许用户调用 API，有些库则允许用户创建可以添加额外功能的子类，因此具有更强的抽象能力。

13. 可见性

可见性（visibility）用于描述查看系统不同部分的难易程度。例如，判断代码库包括哪些类并不容易，当代码分散在不同的文件中时会更加困难。

库或框架也具备不同级别的可见性。举例来说，某个用于获取数据的 API 既可能返回字符串，也可能返回 JSON 文件，还可能返回对象，三者的可见性有所不同。如果返回的是字符串，则很难判断数据的形式，因此框架为用户提供的可见性较低。

12.1.2　利用代码库认知维度来改进代码库

前文介绍了程序所涉及的不同认知维度，这些维度会极大地影响团队成员处理代码库的方式。如果代码库的黏性很高，那么今后接手的程序员或许不愿大幅调整代码库结构，而是选择编

12

写更复杂的补丁。如果开源代码库的用户需要执行艰难的心理操作，那么他们对于维护代码库的积极性可能就没有那么高。有鉴于此，程序员必须了解不同维度对代码库的影响。

程序员可以对照前文讨论的认知维度来检查代码库。并非每个维度都会影响所有代码库，但定期分析代码库的各个维度以及运行情况有助于保持可用性。理想情况下，最好定期（例如每年一次）分析代码库的维度。

📖 练习 12-3

想一想你的代码库所涉及的认知维度，并把结果填入表 12-1 中。哪些维度对代码库很重要？哪些维度还有改进的余地？

表 12-1　认知维度与代码库

认知维度	是否与代码库有关？	是否可以改进？
易错性		
一致性		
扩散性		
隐藏的依赖关系		
临时性		
黏性		
渐进式评估		
角色可表达性		
映射紧密性		
艰难的心理操作		
辅助符号		
抽象		
可见性		

12.1.3　设计策略及其权衡

为改进代码库的某个维度而做出的调整称为**设计策略**（design maneuver）。例如，为代码库添加类型属于改进易错性的设计策略，修改函数名使之更符合代码的领域则属于改进映射紧密性的设计策略。

📖 练习 12-4

　　分析一下做练习 12-3 时填写的表 12-1，思考哪些认知维度可以改进，然后将结果填入表 12-2 中。能否运用设计策略来改进维度？这些策略对其他维度会产生哪些影响？

表 12-2　认知维度与设计策略

认知维度	设计策略	是否会对维度产生积极的影响？	是否会对维度产生消极的影响？

　　一般来说，应用一项设计策略（针对一个维度的调整）会导致另一个维度发生变化。维度之间相互影响的确切方式与代码库密切相关，但是有几个维度往往存在此消彼长的关系。

1. 易错性与黏性

　　为防止库或框架的用户犯错，程序员经常会要求用户输入额外的信息。为减少易错性，最常见的手段是允许用户为实体添加类型。如果编译器了解实体的类型，就可以利用这些信息把错误拒之门外，例如避免用户不慎将列表赋给字符串。

　　然而，为所有实体添加类型也会在一定程度上增加用户的负担。例如，用户可能需要根据自身情况将变量转换为另一种类型后再使用。类型系统在减少错误发生的同时往往会增加黏性，因此没有受到用户的青睐。

2. 临时性和渐进式评估与易错性

　　如果系统的临时性较高且支持渐进式评估，那么用户就可以编写并执行不完整或不完善的代码。虽然这两种维度对于思考当前的问题有一定帮助，但用户也可能忘记删除不完整的程序或改进不完善的程序，导致代码难以理解和调试，进而影响易错性。

3. 角色可表达性与扩散性

　　如前所述，添加诸如名称参数等额外的语法元素可以实现角色可表达性，不过额外的标签会增加代码长度。与之类似，虽然类型注释可以体现出变量所起的作用，但也会使代码库越来越大。

12

12.2　认知维度和编程活动

第 11 章讨论了搜索、理解、转写、递增和探索这 5 种编程活动，每种活动对代码库需要优化的认知维度会产生不同的影响。认知维度与编程活动之间的关系如表 12-3 所示。

表 12-3　认知维度有利于哪些编程活动和不利于哪些编程活动一览

认知维度	有利于哪些编程活动	不利于哪些编程活动
易错性		递增
一致性	搜索、理解	转写
扩散性	搜索	
隐藏的依赖关系		搜索
临时性	探索	
黏性		转写、递增
渐进式评估	探索	
角色可表达性	理解	
映射紧密性	递增	
艰难的心理操作		转写、递增和探索
辅助符号	搜索	
抽象	理解	探索
可见性		理解

12.2.1　认知维度对不同编程活动的影响

实际上，第 11 章讨论的 5 种编程活动也源于符号认知维度框架。Green、Blackwell 和 Petre 之所以描述这些不同的编程活动，是因为它们与认知维度会相互影响。有些活动要求较高的维度，有些活动则要求较低的维度，具体情况参见表 12-3。

1. 搜索活动

进行搜索时，有些维度会起到重要作用。例如，隐藏的依赖关系不利于搜索活动，因为如果不清楚在哪些位置调用了哪些代码，就很难判断接下来应该阅读哪些内容，从而减慢搜索速度。扩散性同样不利于搜索活动，因为代码长度会因此而增加，从而需要搜索更多内容。

相反，辅助符号有利于搜索活动，因为注释和变量名可以给出在哪些位置查找信息的线索。

2. 理解活动

某些维度对理解代码至关重要。例如，代码库的可见性较低不利于理解活动，因为判断并理解类与函数之间的关系会变得困难重重。

相反，角色可表达性有利于理解活动。如果变量以及其他实体的类型和作用清晰可见，就能降低理解代码的难度。

3. 转写活动

进行转写（根据预先制定的方案实现某种功能）时，某些维度可能会从有利变成不利，一致性就是一例。虽然保持一致性的代码库更容易理解，但是在实现新功能时必须确保新代码符合代码库的要求，从而消耗更多的脑细胞。当然，从长期来看这些付出可能是值得的，但再怎么说也要投入额外的精力。

4. 递增活动

为代码库添加新功能主要取决于代码库与领域的映射紧密性。如果代码库能使程序员集中精力思考代码的目标而不是编程概念，那么编写新代码的难度就会降低。相反，黏性较高的代码库不太容易"扩容"。

5. 探索活动

假如系统具备良好的临时性并支持渐进式评估，就能最大限度地方便程序员在代码库中探索新的设计理念。

艰难的心理操作和抽象之所以不利于探索活动，是因为这两个维度会给程序员带来较高的认知负荷，导致大脑没有足够的空间思考如何解决问题。

12.2.2　针对预期的编程活动优化代码库

如前所述，不同的编程活动对系统的影响有所不同。因此，程序员必须了解团队成员在自己构建的代码库中最可能执行哪些操作。对于相对较老和稳定的库，搜索活动也许比递增活动更常见；而对于新的应用程序，递增活动和转写活动也许更普遍。由此可见，在代码库的生命周期内，可能需要应用设计策略以使代码库更符合出现概率最高的编程活动。

12

📖 练习 12-5

　　想一想自己的代码库，并回答以下问题：哪些编程活动最有可能出现？这些活动在过去几个月里是否经常出现？它们受到哪些认知维度的影响？这些维度对代码库会产生哪些影响？

12.3　小结

❑ 符号认知维度框架有助于程序员预测编程语言对用户的认知影响。

❑ 代码库认知维度是符号认知维度的扩展，可以帮助程序员评估自己构建的代码库、库或框架会对用户产生哪些影响。

❑ 许多情况下，必须在不同的维度之间进行权衡。维度之间可能存在此消彼长的关系。

❑ 以符号认知维度框架描述的认知维度为准绳，可以通过设计策略来改进现有代码库的设计。

❑ 不同的编程活动对代码库优化的认知维度提出了不同的要求。

## 第 13 章

对新程序员进行适岗培训

13

内容提要
- 比较高级程序员和初级程序员的思维方式有哪些不同
- 完善新程序员的适岗培训流程
- 帮助新程序员掌握新的编程语言或框架

到目前为止，本书讨论了如何阅读代码和组织代码。然而，资深程序员也可能需要解决困扰自己以及其他初级程序员的问题。许多情况下，编程老手希望教会共事的编程新手管理认知负荷，以确保提高他们的学习效率。

无论是资深程序员初次接触陌生的代码库，还是开发团队迎来新人，都需要进行适岗培训。本章将探讨如何完善适岗培训流程。为此，我们首先分析高级程序员与初级程序员的思维方式和表现方式有哪些不同，然后介绍对团队新人进行适岗培训时的各种活动，最后给出帮助新成员尽快融入团队的 3 种方法。

13.1　适岗培训中存在的问题

有时候，资深程序员需要对团队或开源项目引入的新成员进行适岗培训。资深程序员未必了解如何辅导他人，新成员也未必接受过专业指导，以致双方都不满意培训的效果，这种情况屡见不鲜。本章将深入探讨团队新人在适岗培训期间的大脑活动，并分析如何完善培训流程。

我接触过的适岗培训可以大致描述如下。

- 资深程序员向新成员抛出大量新信息，导致他们被信息的洪流淹没，大脑承受了很高的认知负荷。例如，培训者将代码库所涉及的领域、工作流程以及代码库本身的情况一股脑儿告诉受训者。

- ❑ 介绍完毕后，资深程序员向新成员提出一个问题或交给他们一项任务。资深程序员往往认为，诸如修复一个小错误或添加一项小功能这样的任务应该是举手之劳。

- ❑ 新成员既缺乏对相关领域或编程语言进行分块的能力，也没有实现相关技能的自动化，以致大脑承受的认知负荷较高，无法完成培训者交给自己的任务。

那么，资深程序员与新成员之间的交流存在哪些问题呢？在适岗培训期间，最深层的问题莫过于资深程序员要求新成员同时学习太多内容，导致他们的工作记忆不堪重负。下面先来复习一下前几章介绍的几个关键概念。从第 4 章的讨论可知，认知负荷代表大脑处理特定问题的能力。如果认知负荷过高，则会影响大脑进行有效的思维活动。从第 10 章的讨论可知，如果内部认知负荷和外部认知负荷增加，那么关联认知负荷就会减轻，以致无法记住新的信息。

受到工作记忆过载的影响，受训者既无法在新的代码库中编写高质量的代码，也很难真正记住刚学到的信息。我不止一次发现，这种情况不仅令双方感到灰心丧气，而且会产生误判：团队主管可能觉得新成员不太聪明，新成员则认为项目困难重重，从而不利于开展下一步合作。

许多资深程序员之所以不善于培训新人，是因为受到"知识的诅咒"：熟练掌握某种技能或知识后，程序员会不可避免地忘记当初学习这种技能或知识时遇到的困难，从而高估新成员接受新事物的能力，误以为他们可以一心多用。

如果我猜得没错，程序员在过去几个月里讨论某些知识时肯定说过"没有那么难""其实很简单"或"易如反掌"之类的话，而他们自己其实往往花费很长时间才掌握这些知识。当程序员说出"小菜一碟"的时候，可能意味着他们已经受到知识的诅咒。为更好地开展适岗培训，培训者首先应该明白一个道理，那就是自己觉得容易掌握的知识，对处于学习阶段的受训者来说未必容易。

13.2　高级程序员与初级程序员的区别

编程老手经常认为编程新手可以像自己一样推理程序，只是速度较慢或欠缺分析整个代码库的能力。接下来，我们将分析为什么高级程序员与初级程序员的思维方式和表现方式大相径庭，这也是本章讨论的核心所在。

前几章曾经介绍过高级程序员的思维方式有哪些不同。首先，他们的大脑中存储着大量相关记忆，工作记忆可以从长时记忆中提取出这些信息，包括经过刻意学习的策略（例如先为问题编写测试）或关于个人经历的情景记忆（例如重启服务器）。高级程序员未必能做到洞察一切，可能也需要权衡不同的方案，但他们往往对问题已有所了解，对于如何解决问题也有一定程度的认识。

其次，高级程序员具备极强的代码分块能力，对错误消息、测试、问题、解决方案等各种代码相邻工件进行分块同样不在话下。高级程序员也许扫一眼就知道某段代码的作用是清空队列，初级程序员则可能需要逐字逐句地阅读代码。在高级程序员眼里，"数组索引越界"是一个完整的概念；而在初级程序员看来，这样一条简单的错误消息可能包含 3 个独立的元素（"数组""索引"和"越界"），从而会加重认知负荷。团队新人之所以得到"编程能力不强"的评价，许多情况下只是因为知识的诅咒在从中作梗：他们接收的信息过多，令大脑不堪重负。

13.2.1　深入分析初级程序员的表现

我们运用新皮亚杰理论来进一步分析初级程序员的表现，这种心理学框架致力于解释大脑如何加工新信息。让·皮亚杰是一位有影响力的瑞士发展心理学家，他把儿童的认知发展分为 4 个阶段，新皮亚杰理论就是根据他的研究成果演变而来。在程序设计领域，可以采用新皮亚杰理论分析程序员初次接触某种编程语言、代码库或范式时的表现。

1. 皮亚杰设计的原始模型

我们先来回顾一下儿童的 4 个认知发展阶段，然后讨论程序员为什么难以在学习新知识时做到游刃有余。

皮亚杰针对儿童设计的原始模型如表 13-1 所示。在第一阶段（0～2 岁），儿童无法制定方案或处置遇到的情况，他们只是体验事物（感觉）并做出动作（运动），没有什么策略可言。进入第二阶段（2～7 岁）后，儿童开始具备做出假设的能力，但这些假设往往不太有说服力。例如，在 4 岁的孩子看来，天空之所以下雨，是因为云很悲伤。这种假设并不正确，但可以看出他们在努力为自己观察到的事物寻找解释。进入第三阶段（7～11 岁）后，儿童能够进行一定程度的推理，但仅针对具体情况。举例来说，他们可以在下棋时走出一步好棋，但很难把自己的思路和这样走的理由推广到其他情况，不清楚这步棋是否在任何情况下都是好棋。而在进入第四阶段（11 岁以上）后，儿童才具备形式推理能力。

13

表 13-1　皮亚杰提出的认知发展阶段一览

认知发展阶段	特　征	儿童年龄
感觉运动阶段	儿童缺乏制定方案或策略的能力，仅靠感觉和知觉来认识世界	0～2 岁
前运算阶段	儿童开始具备做出假设和制定方案的能力，但无法稳定可靠地运用这些能力进行思考	2～7 岁
具体运算阶段	儿童有能力对观察到的具体事物进行推理，但很难得出一般性结论	7～11 岁
形式运算阶段	儿童开始具备形式推理能力	11 岁以上

2. 新皮亚杰理论：理解程序员的思维活动

皮亚杰以自己的孩子为对象来设计模型，因此受到了一些学者的批评，但他的研究为新皮亚杰理论奠定了基础。新皮亚杰理论对于理解初级程序员的思维活动具有重要意义，其核心思想是认知发展具备领域特殊性而不是领域普遍性。例如，程序员采用 Java 编写代码时的表现可能处于形式运算阶段，而采用 Python 编写代码时的表现仍然处于感觉运动阶段。甚至还可能出现这样的情况：与某个代码库打交道时，程序员的表现处于形式运算阶段；而与新的代码库打交道时，程序员的表现又"退化"到了前一个阶段。表 13-2 描述了澳大利亚学者 Raymond Lister 设计的新皮亚杰理论模型及其对程序设计的影响。[1]

表 13-2　新皮亚杰理论提出的认知发展阶段以及相应的编程行为一览

认知发展阶段	特　征	编程行为
感觉运动阶段	儿童缺乏制定方案或策略的能力，仅靠感觉和知觉来认识世界	程序员对程序执行的理解不成体系，不具备正确跟踪程序的能力
前运算阶段	儿童开始具备做出假设和制定方案的能力，但无法稳定可靠地运用这些能力进行思考	通过创建状态表等方式，程序员能够稳定可靠地预测多行代码的输出结果，他们经常会尝试猜测一段代码的作用
具体运算阶段	儿童有能力对观察到的具体事物进行推理，但很难得出一般性结论	程序员通过阅读代码本身而不是采用前运算归纳法对代码进行演绎推理
形式运算阶段	儿童开始具备形式推理能力	程序员开始具备进行逻辑性推理、一致性推理和系统性推理的能力
		形式运算推理包括思考自己的行为，这一点对于调试至关重要

如图 13-1 所示，最左侧的程序员处于感觉运动阶段，他无法正确跟踪程序（无法创建第 4 章讨论的状态表）。缺乏编程经验的程序员往往处于这一阶段，但程序员从一种语言转换到另一种

---

[1] Raymond Lister. Toward a Developmental Epistemology of Computer Programming, 2016.

截然不同的语言时也可能处于这一阶段。例如，JavaScript 和 Haskell 的程序执行机制相差甚远，因此有经验的 JavaScript 程序员在跟踪采用 Haskell 编写的程序时也可能会感到吃力。处于感觉运动阶段的程序员专注于研究自己不太理解的代码，所以脱离代码来解释一般性原则不会收到很好的效果。如果培训者在程序员还在逐字逐句地研究数据库代码、尚未吃透代码执行机制时就开始解释如何配置数据库，那么并没有太大意义。

图 13-1　可用来解释程序设计的新皮亚杰理论包括 4 个不同的阶段

第二阶段是前运算阶段。进入这一阶段的程序员开始具备跟踪小段代码的能力，但也仅限于采用刚掌握的跟踪方法来推理代码，再遇到同样的代码时仍然会"抓瞎"。程序员的注意力几乎完全集中在代码本身，无暇顾及其他工件，尤其是图表，因此培训者很难指望图表能帮助程序员阅读或编写代码。处于前运算阶段的程序员能够对代码进行归纳推理，所以往往会根据一些蛛丝马迹来猜测代码的作用。

在我看来，第二阶段最打击程序员的积极性，对培训者来说也是如此。处于这一阶段的程序员很难理解代码的深层含义，他们往往依靠猜测，因此显得摇摆不定。有时候，团队新人根据迁移得来的先验知识（或运气）做出了准确无误的猜测，但 5 分钟后就会推翻原先的想法，得出完全不合理的结论。这种情况可能令培训者感到失望，认为新成员"不开窍"或没有尽力而为。然而，前运算阶段是进入下一阶段的必经之路。为帮助新成员更好地掌握代码知识和编程概念，培训者不妨制作一套抽认卡。

13

第三阶段是具体运算阶段。进入这一阶段的程序员有能力运用先验知识,通过寻找熟悉的代码组块、阅读注释和标识符、仅在必要时(例如调试阶段)跟踪代码等方式进行推理,而不必逐字逐句地阅读代码。Lister 的研究表明,只有在程序员进入具体运算阶段后,使用图表才能起到促进思考的作用。从这时起,他们开始表现得像一个合格的程序员,既能推理代码,也能在编写代码时制定并执行方案。然而,程序员可能仍然缺乏从全局高度理解代码库的能力,也会为是否应该遵循某种策略而犹豫不决。过分执着于第一种策略就是一种表现:初级程序员花费一整天时间反复尝试修复某个错误,却不会抽身出来,从局外人的角度想一想所选的策略正确与否。

最后一个阶段是形式运算阶段。处于这一阶段的程序员已是"老司机",无论推理代码还是推理自己的行为都不在话下,因此对适岗培训的积极性并不高。他们可能更愿意自己深入研究代码库,遇到问题时再寻求帮助。

3. 学习新信息时可能会暂时忘记一些事情

实际上,前文讨论的 4 个认知发展阶段并非各自独立。学习新的编程概念或代码库的新特性时,学习者可能会在短时间内回到前一个阶段。举例来说,程序员不必跟踪代码就能读懂普通的 Python 函数,但后来又接触到可变参数函数(*args),那么他们可能需要花时间跟踪一些函数调用以熟悉这种函数的用法,才能像读懂普通函数那样轻松读懂可变参数函数。

📖 练习 13-1

前文讨论的 4 种编程行为普遍存在于企业内训中。针对新皮亚杰理论提出的 4 个认知发展阶段,请各举出一个在实践中遇到的例子,并把结果填入表 13-3 中。

表 13-3 不同认知发展阶段的编程行为

认知发展阶段	编程行为	示 例
感觉运动阶段	程序员不具备正确跟踪程序的能力	
前运算阶段	通过创建状态表等方式,程序员能够稳定可靠地预测多行代码的输出结果,他们经常会尝试猜测一段代码的作用	
具体运算阶段	程序员通过阅读代码本身而不是采用前运算归纳法对代码进行演绎推理	
形式运算阶段	程序员开始具备进行逻辑性推理、一致性推理和系统性推理的能力	
	形式运算推理包括思考自己的行为,这一点对于调试至关重要	

13.2.2　具体看待概念与抽象看待概念之间的区别

如前所述，初级程序员与高级程序员的表现和想法有所不同。还有研究表明，高级程序员往往采用非常笼统和抽象的术语，从不同的角度讨论某个概念。举例来说，在解释 Python 的可变参数函数时，高级程序员也许会告诉不熟悉这个概念的程序员：可变参数函数支持传入数量不等的参数。但初级程序员仍然"满脸问号"，他们并不知道如何访问所有不同的参数、如何命名各个参数、参数的数量是否存在限制等问题的答案。

然而，无论从抽象层面还是具体层面进行解释，都能帮助团队新人熟悉某门语言或某个代码库。理想情况下，新手程序员的理解过程符合澳大利亚学者 Karl Maton 提出的**语义波理论**[①]，我们对照图 13-2 进行讨论。

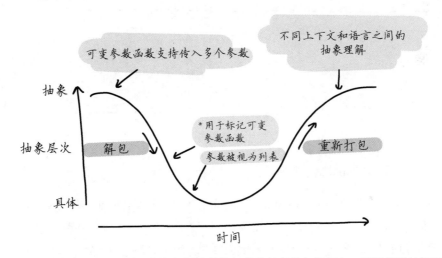

图 13-2　语义波理论：学习者先根据具体的细节将抽象的知识解包，再将学到的知识重新打包并存储到长时记忆中

根据语义波理论，学习者首先需要从宏观角度认识某个概念，包括了解它的用途以及掌握这个概念的重要性。例如，可变参数函数支持传入任意数量的参数，是一种十分有用的函数。在了解概念的大致用途后，语义轮廓从波峰转向波谷，这个过程称为**解包**（unpacking）。处于这一阶段的学习者已经做好深入研究概念的准备。例如，在 Python 中，星号（*）用于标记可变参数函数，而且参数列表会实现为列表，所以其实不存在多个参数，而是只有一个参数，它可以包含函数的所有参数作为元素。

---

① Karl Maton. Making Semantic Waves: A Key to Cumulative Knowledge-Building, Linguistics and Education, vol. 26, no. 1, 2013: 8–22.

最后，学习者需要对概念进行抽象概括，这个过程称为**重新打包**（repacking）。处于这一阶段的学习者已经摆脱细节的束缚，能够轻松掌握概念的一般性原理。某个概念经过适当地重新打包后，学习者就能在不必关注具体细节的情况下思考这个概念。重新打包还包括将刚掌握的知识与先验知识进行整合并存储到长时记忆中，例如"C++支持使用可变参数函数，Erlang 则不支持使用这种函数"。

如图 13-3 所示，培训者向受训者解释某个概念时可能会出现 3 种反模式。第一种反模式称为**高平线**（high flatline），此时培训者仅使用抽象术语来解释概念，例如，高级程序员告诉初级程序员，Python 支持可变函数参数，这种函数十分有用。但如果高级程序员不讲解具体的语法，那么初级程序员还是不清楚这种函数的用法，仍然需要学习很多知识。

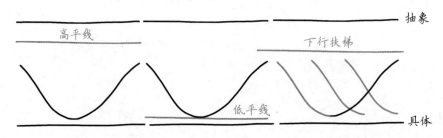

图 13-3　3 种反模式：高平线（仅使用抽象术语解释概念）、低平线（仅通过具体示例解释概念）和下行扶梯（先采用抽象术语定义概念，再通过具体示例进行解释，但没有将概念重新打包）

第二种反模式称为**低平线**（low flatline），与高平线正好相反。例如，有些高级程序员为初级程序员深入剖析某个概念，却没有解释这个概念的相关性和重要性。如果初级程序员不清楚使用可变参数函数的时机，那么从"通过星号来标记可变参数函数，Python 会将所有参数视为一个列表"入手讲解就没有太大意义。

最后一种反模式称为**下行扶梯**（downward escalator）：培训者首先采用抽象术语定义某个概念，然后通过具体示例加以解释，但忘记重新打包这个概念。换句话说，高级程序员告诉初级程序员为什么要掌握这个概念以及如何进行学习，却没有给他们留出将新知识纳入长时记忆的时间。建议培训者明确询问受训者观察到新概念与初步信息之间存在哪些共同点，以便将概念重新打包。

📖 **练习 13-2**

挑选一个熟悉的概念，并对照图 13-3 找出这个概念对应语义波所有 3 个位置的解释。

13.3　完善适岗培训流程

本节将深入探讨如何完善适岗培训流程。对培训者来说，有意识地管理受训者的认知负荷是第一要务；对受训者来说，能够管理自己的认知负荷无疑也有很大帮助。建议培训者向受训者介绍记忆类型（例如长时记忆、短时记忆和工作记忆）、认知负荷、代码分块等概念，以提高团队沟通的效率。比起告诉培训者"我听得一头雾水"，如果受训者能用"我在阅读这段代码时承受的认知负荷过高"或"我觉得自己无法对 Python 代码进行分块"来描述自己的状态，则更有利于培训者掌握情况。下面我们将从 3 个方面详细讨论适岗培训流程。

13.3.1　贪多嚼不烂

从第 11 章的讨论可知，程序设计包括搜索、理解、转写、递增和探索这 5 种编程活动。适岗培训中存在的一个问题是受训者需要执行至少 4 项活动：寻找实现某个功能的正确位置或相关信息（搜索）、学习新的源代码（理解）、深入研究代码库以增进理解（探索），以及为代码库添加新功能（递增）。

第 11 章指出，编程活动不同，对程序员和系统的认知要求也不同。受训者很难在不同的活动之间自如转换，就算他们了解编程语言（甚至还可能了解领域），执行众多不同的任务也会心有余而力不足。

适岗培训期间，建议培训者从每种编程活动中专门挑选一些活动，然后要求受训者逐一完成。接下来我们将详细讨论表 13-4 所示的 5 种编程活动，并通过示例来分析每种活动如何帮助受训者熟悉项目。

表 13-4　5 种编程活动以及如何运用这些活动来帮助受训者熟悉项目

编程活动	如何帮助受训者熟悉项目
探索	浏览代码库以了解总体情况
搜索	查找实现某个接口的类
转写	为受训者提供明确的方案来实现某个必须实现的方法
理解	了解代码的各个方面，例如用自然语言为某个方法编写摘要
递增	为现有的类添加功能，包括制定实现该功能的方案

不同的编程活动可以彼此关联并作用于相应的代码。例如，先搜索某个类，再将类内的方法转写为代码，然后通过更复杂的方式实现类的递增。根据受训者的先验知识，培训者也可以安排

不同类型的任务交替进行，例如先执行侧重于学习新编程概念的任务，再执行侧重于了解领域的任务。

📖 **练习 13-3**

想一想刚接触代码库的新成员可以进行哪些具体的编程活动。

团队也可以通过编写并维护文档来进一步帮助新成员熟悉项目，例如为促进编程活动而编写注释和架构文档，以详细解释系统使用的模块、子系统、数据结构和算法。

13.3.2　改善受训者的记忆

如前所述，培训者首先应该明白，自己觉得容易掌握的知识，受训者未必觉得容易。从第 2 章的讨论可知，初级程序员与高级程序员的观察水平和记忆能力存在差距。这一点也许不言而喻，但是能设身处地为受训者着想、对他们多一些耐心十分重要。

除了介绍认知科学领域的各种概念，培训者还可以从 3 个方面完善培训流程，它们与第 1 章讨论的 3 种困惑有关。

1. 解释相关信息以改善长时记忆

首先，建议培训者深入了解影响代码库的相关信息，这项工作可以在适岗培训开始前与现有的团队成员一起完成。

举例来说，培训者不妨考虑把代码中所有重要的领域概念都整理出来供受训者参考。代码中出现的所有库、框架、数据库以及其他外部工具同样可以作为相关信息。团队成员也许不费吹灰之力就知道"我们采用 Laravel 开发这款 Web 应用程序，并通过 Jenkins 将其部署到 Heroku"这句话的意思，而没有接触过上述任何一种工具的团队新人很可能听得一头雾水。当然，新成员也许了解 Web 框架或自动化服务器的概念，但如果他们不清楚这些工具的具体名称，那么理解和消化就要花很多时间。

领域学习与代码探索应该分开进行

为帮助受训者更好地掌握代码，培训者应该避免在介绍代码的同时解释所有相关概念。这一点看似微不足道，却能显著影响培训的效果。如有必要，培训者还可以制作一套解释相关领域和编程概念的抽认卡供受训者练习。

顺便提一句：即使不是针对适岗培训，也建议把项目涉及的所有领域概念和编程概念整理出来并随时调整，团队目前的程序员可能会因此而受益。

📖 **练习 13-4**

挑选一个经常打交道的项目，并整理出两份可以帮助新成员熟悉项目的列表：一份列表包括重要的领域概念及其解释，另一份列表包括代码库中出现的所有重要的库、框架和编程概念。将结果填入表 13-5 中。

表 13-5 帮助新成员熟悉项目的两份列表

领域概念	编程概念/库
概念	解释
概念/模块/库	用途/解释

2. 安排有针对性的小任务以改善短时记忆

在我看来，适岗培训中要求受训者解释代码的做法同样有待改进。团队主管点击相应的代码并进行讲解，然后要求受训者从某个相对简单的功能开始"了解"代码库。开源项目也存在类似的情况，简单的功能请求被打上适合初学者的标签。尽管听起来很不错，但这种做法可能会带来认知方面的问题。

受训者需要完成多种编程活动，因此不得不一心多用：既要了解代码，又要搜索代码，还要实现功能。由于他们（还）无法很轻松地浏览代码库，因此这些活动可能令短时记忆出现过载情况。搜索代码需要花费大量时间，而阅读代码会分散注意力，导致受训者无法专心进行搜索。有鉴于此，最好将方案分为多个阶段实施。

理解代码比编写代码更受欢迎

如果要求新成员理解某段代码的作用，就不要安排他们执行与代码实现有关的任务。不妨请他们编写现有类的摘要，或列出执行某项功能时涉及的全部类。

安排受训者执行有针对性的任务可以减轻短时记忆的负担，从而更有可能为关联认知负荷留出空间以记忆代码的重要信息。比起要求受训者实现更多功能，清晰明确的代码摘要不仅能帮助他们更好地熟悉代码库，而且可以作为文档供其他团队新人参考，因此作用更大。

当然，培训者也可以要求受训者实现某个小功能，但最好避免使他们接触到会产生认知负荷的环节（例如代码搜索）。培训者可以事先准备好相关代码，并采用第 4 章讨论的方法简化流程（例如重构当前的类从而无须搜索代码）。

3. 使用图表以改善工作记忆

从第 4 章的讨论可知，可以利用包括图表在内的许多方法改善工作记忆。但是，指望刚接触代码库的程序员创建这些工件不太现实。因此，在适岗培训期间，培训者不妨考虑绘制表格以帮助受训者改善工作记忆。

不过如前所述，图表并非总是灵丹妙药。完全没有背景的程序员可能不愿意跳出代码的桎梏，站在更高的角度看待问题。建议培训者随时观察图表的效果，一旦发现不理想就果断放弃。

13.3.3　代码共读

团队成员一起阅读代码也是培养新人的一种手段。第 5 章介绍过以下 7 种文本阅读策略，它们同样可以用于代码阅读。

- **激活**：主动思考相关信息以激活先验知识。
- **确定重要性**：判断哪部分文本的相关性最高。
- **推断**：补全文本中没有明确给出的事实。
- **监测**：随时掌握理解文本的情况。
- **视觉化**：通过绘制文本的图表以加深理解。
- **提问**：针对当前的文本提出问题。
- **摘要**：编写简短的文本摘要。

第 5 章指出，上述策略适用于个人开发者阅读代码。然而，这些策略同样可用于培训刚接触代码库的新程序员。团队一起阅读代码能够减轻新成员的认知负荷，从而为工作记忆加工代码留出更多空间。

接下来将详细讨论如何运用上述 7 种策略进行代码共读。

1. 激活

共读环节开始前，请盘点代码中涉及的相关概念。如果你已经完成练习 13-1，那么可以提前准备好这份清单。提醒新成员预习相关概念，以免被这些概念搞得一头雾水。细节方面的讨论建议放在激活阶段而不是等到新成员努力理解代码时再进行。例如，与其在新成员浏览不同的代码文件时解释程序开发采用 MVC 模式，不如在激活阶段解释这个问题。

激活阶段结束后就可以开始共读环节了。请注意，代码共读属于理解活动，因此应该尽量避免在这个环节执行其他 4 项编程活动。

2. 确定重要性

假如对某个领域知之甚少，就很难区分哪些是核心知识，哪些是次要知识。如果新成员了解相关性最高的代码，则有助于他们熟悉项目。这项工作可以放在共读环节进行，例如请所有团队成员谈一谈他们认为哪些代码行最相关或最重要。此外，代码共读结束后不妨考虑整理出一份记录要点的文档，以作为下次培训新成员的参考资料。

3. 推断

补全没有明确声明的细节同样很困难。举例来说，团队可能非常熟悉领域概念——例如发货时一定会包含至少一份订单——但并没有把这类决策明确记录在代码中。同样，培训者或许会在共读环节明确告知结论以确定重要性，这些决策也可能已经记录在案，从而便于新成员参考。

4. 监测

培训者在适岗培训期间最重要的任务是随时掌握受训者的理解水平。为此，建议定期请受训者简要概括读过的代码、解释基本的领域概念或回忆代码中出现的编程概念。

5. 视觉化

如前所述，图表有两种用途：一是改善工作记忆（详见第 4 章），二是帮助理解代码（详见第 5 章）。根据受训者的水平，培训者既可以自己绘制图表以帮助他们阅读代码，也可以要求受训者绘制图表以加深对代码的理解。

6. 提问

代码共读应该纳入定期问答环节。根据受训者的水平，既可以采用"我问你答"的形式，也可以采用"你问我答"的形式。在培训者的帮助下，有一定经验的受训者也可以从提问中受益，但安排这种缺少指导的任务时要时刻注意观察他们的认知负荷。如果受训者开始臆测或得出不合理的结论，则表明大脑承受的认知负荷过高。

7. 摘要

在适岗培训期间，代码共读的最后一步是为一起读过的代码编写摘要，图 13-4 所示的摘要可供参考。根据代码库的文档状态，可以在共读环节结束后将摘要作为文档提交到代码库。这个过程能帮助受训者熟悉代码库的工作流程并从中受益（例如创建一个拉取请求并要求审查，这样做既不会给受训者带来太大压力，也不会显著增加工作记忆的负担）。

> 转译 Hedy 程序[①]是一个渐进的过程。首先，利用 Lark 解析代码以生成抽象语语法树（AST）。然后，扫描 AST 以查找无效的规则。如果 AST 中存在这些规则，则会导致 Hedy 程序无效并报错。接下来，从 AST 中提取出查找表，该表包括程序中出现的所有变量名。最后，通过添加所需的语法（例如括号）将 AST 转换为 Python 程序。

图 13-4　代码摘要示例

13.4　小结

- ❑ 高级程序员的思维方式和表现方式与初级程序员不同。高级程序员可以对代码进行抽象推理，无须查阅代码就能进行思考。初级程序员则往往将注意力集中在代码的具体性质上，很难摆脱细节的束缚。
- ❑ 在学习新信息时，中级程序员的思维有时会"退化"到初级程序员的水平。
- ❑ 程序员需要通过抽象术语和具体示例来学习新概念。
- ❑ 程序员也需要时间将新概念与先验知识联系起来。
- ❑ 适岗培训期间，一次只安排受训者执行一项编程活动。
- ❑ 适岗培训开始前，请准备好有助于改善受训者的长时记忆、短时记忆和工作记忆的相关资料。

---

① Hedy 是本书作者开发的一种渐进式编程语言，主要面向初学者。——译者注

写在最后

感谢你能坚持读完本书。无论是通读全书还是挑选部分章节阅读，能读到这段文字都令我感到欣慰。撰写本书使我受益匪浅，我对认知科学和程序设计的研究较以往更加深入，因此了解到许多相关的知识。与此同时，我对自身也有了深刻认识。写作带给我一个启示，那就是困惑和认知负荷在生活和学习中随处可见，所以不必过分担心。我过去认为，无法看懂复杂的论文或探索不熟悉的代码是因为自己不够聪明，这种想法曾令我颇为苦恼。在深入研究认知科学后，我已不再那么苛求，我会安慰自己："好吧，也许是大脑的认知负荷太重了。"

撰写本书期间，编程语言 Hedy 的开发工作也在同步进行。我当然不建议一边开发编程语言一边写书，但我认为这两个过程密不可分，在主题上能完美契合。我在编程教学过程中讨论的许多内容（例如减少认知负荷、错误概念、语义波和间隔重复）在本书中均有介绍，代码实现也是采用 Hedy。如果正在教孩子编写代码的父母愿意试试这门自由和开源的编程语言，那么我会感到不胜荣幸。

在本书即将画上句号之际，我想强调的是，我十分关注编程和认知领域的优秀科学家，非常喜欢探索、总结并讨论他们的工作。虽然从事自己的研究很有成就感，但比起我个人的项目，帮助程序员了解目前的研究成果也许能为编程领域做出更大的贡献。针对有兴趣深入研究程序设计和认知科学的读者，我打算推荐几本书和几位值得关注的科学家。

如果你希望进一步了解大脑的思维活动，那么我认为 Daniel Kahneman 撰写的《思考，快与慢》一书值得一读，该书从更广泛的层面剖析了大脑的工作机制。与之类似，Benedict Carey 所著的《如何学习》一书深入探讨了间隔重复和记忆的话题。David A. Sousa 的《人脑如何学数学》一书详细剖析了数学教学和抽象领域的研究成果，适合对学习数学具有浓厚兴趣的读者阅读。John Ousterhout 所著的 *A Philosophy of Software Design* 是编程领域一本不可多得的好书，想读懂 John Ousterhout 的这本书并不容易，但书中处处体现出作者对于如何设计软件的真知灼见。Andre van der Hoek 和 Marian Petre 编写的 *Software Design Decoded* 一书同样令我不忍释卷，该书归纳出了编程专家的 66 种思维方式，它们相当于一套适用于各种场合的抽认卡。我在软件工程电台的一期节目里也曾介绍过这本小书。

如果你愿意阅读与本书有关的科学论文，那么建议读一读以下两篇论文，它们曾极大影响了我的思考：一篇是 Paul A. Kirschner 等人于 2006 年发表的 "Why Minimal Guidance During Instruction Does Not Work"（为什么在教学过程中进行最低限度的指导不起作用）[1]，该论文彻底颠覆了我对教学的认知；另一篇是 Raymond Lister 于 2016 年发表的 "Toward a Developmental Epistemology of Computer Programming"（走向计算机程序设计的发展认识论）[2]，我由此意识到自己在编程教学方面存在的不足，并领悟到如何改进教学方法。

本书介绍了许多优秀科学家的工作，但他们取得的丰硕成果绝非区区一二百页的篇幅所能概括。愿意深入研究程序理解的读者不妨关注以下杰出人士：Sarah Fakhoury、Alexander Serebrenik、Chris Parnin、Janet Siegmund、Brittany Johnson、Titus Barik、David Shepherd 以及 Amy J. Ko。

---

[1] Paul A. Kirschner et al. Why Minimal Guidance During Instruction Does Not Work: An Analysis of the Failure of Constructivist, Discovery, Problem-Based, Experiential, and Inquiry-Based Teaching, Educational Psychologist, vol. 41, no. 2, 2006: 75–86.

[2] Raymond Lister. Toward a Developmental Epistemology of Computer Programming, 2016.